你若放下
快乐自来

黄涛◎著

中国财政经济出版社

图书在版编目（CIP）数据

你若放下，快乐自来 / 黄涛著. — 北京：中国财政经济出版社，2015. 7
ISBN 978 - 7 - 5095 - 6044 - 0

Ⅰ. ①你… Ⅱ. ①黄… Ⅲ. ①人生哲学 - 通俗读物 Ⅳ. ①B821 - 49

中国版本图书馆 CIP 数据核字（2015）第 032697 号

责任编辑：钱琪然　　责任校对：黄亚青
责任印制：刘春年　　版式设计：丁丁图文

中国财政经济出版社出版
URL：http://www.cfeph.cn
E - mail：cfeph@cfeph.cn

社址：北京市海淀区阜成路甲 28 号　邮政编码：100142
营销中心电话：010 - 88190406　北京财经书店电话：010 - 64033436
北京中兴印刷有限公司印刷　各地新华书店经销
787 × 1092 毫米　16 开　14. 5 印张　178 000 字
2015 年 7 月第 1 版　2015 年 7 月北京第 1 次印刷
定价：38. 00 元
ISBN 978 - 7 - 5095 - 6044 - 0/B · 0028
（图书出现印装问题，本社负责调换）
本社质量投诉电话：010 - 88190744
反盗版举报热线：88190492　88190446

前 言

生活在这个物欲横流的世界中，我们每天都抱着不同的目标，经历不同的事情，我们的心灵积压了太多太多的东西，以至于到后来，这些都成为一个重重的包袱，压得我们喘不过气来。

我们大部分人都背着沉甸甸的包袱艰难地前行，动辄就抱怨生活的不尽人意，自己的男朋友不够帅，女朋友不够漂亮、不够性感，每个月就那几个工资，月底的时候就需要东拼西凑的生活……总之，许多事情都令自己头疼、纠结、恐慌。

他们对任何事情都习惯性地看到黑暗的一面，然后用那些被情感加工过的阴暗面阻碍了前进的步伐。他们被自己的浮夸想象力击倒，焦躁不安地来回踱步。他们常用“怎么办”、“糟糕”、“烦死了”来表达自己的情感。他们就像是一个负能量携带者，所到之处，总能引起别人的不愉快。

但是生活中有一部分的人，他们却可以怀着如闲云野鹤般悠然自得的心情，笑看人生百态，用风轻云淡的处事态度，让自己轻松惬意地行走在人生的旅途中。当我们为晋升拼命地加班加点的时候，他们却悠闲地和家人聚在一起，享受家庭的幸福时光；当我们在人生道路上，眉头紧锁地抱怨着不尽人意的琐事的时候，他们哼着小曲，心情舒畅地做着自己喜欢做的事。

这难道是因为他们拥有比我们更多的金钱，更成功的事业吗？不，他们拥有的是一颗懂得放下的心灵。

懂得放下的人，知道这个世界有些东西是你的就是你的，不是你的莫强求；懂得放下的人，绝对不会为那些钱财、名利、金钱等身外之物，牺牲自己的健康和快乐。

人生就像是一个正在大口大口享用着美食还嚷嚷着要减肥的胖子，因为放不下眼前充满诱惑的芝士蛋糕，所以每天都承受着肥肉的困扰。其实，有时候我们已经吃得很多，那些放不下的欲望却让我们永不满足，永不停止，身心劳累。

放下，是这个欲望太多的社会中最难得的心态；放下，是我们帮助心灵减负的最好方法。但是，放下，并不是让我们变得懦弱，并不是让我们知难而退，放下，是为了得到幸福，得到更多的快乐。

学会放下，将会看淡人世间的欲望和得失，选择放下，就是选择放弃心中多余的不属于自己的欲望，让心灵多点空间，容纳更多的幸福和快乐。所以，放下是一种坦荡荡的胸怀，是一种大智慧的表现。

这本书从职场、家庭、爱情等几个方面讲述了人生中的“放不下”现象，通过我们日常生活中存在的现象和生活中的一些常见的片段，向我们讲述了为什么我们会感觉压力越来越大，生活越来越辛苦，越来越焦虑。这些都是你的“放不下”造成的，并对此给出一些实质性的建议和方法，涤荡你的心灵，让你懂得放下，学会放下。

弱水三千，只取一瓢饮。放下心中多余的欲望，放下手中多余的事情，为心灵减负，人生需要幸福，需要快乐！

作者

2014 年 10 月

CONTENTS **目 录**

第一章　摘掉“伪快乐”的面具

生活就像是饺子，各种馅料搅拌搅拌，不管味道怎样，一包上皮看起来都很美味。

在生活中，我们只是一颗肉丸子，却硬要加一层叫“快乐”的面皮，只为呈现在别人面前的是一个饱满漂亮的饺子。于是，我们真的成了别人眼中吉祥如意、快乐美满的“饺子”。只是，包上皮儿的我们真的快乐吗？

摘掉“伪快乐”的面具，还原真实的自己，你会发现，真实的快乐其实很简单。

人前灿烂，人后郁闷

“五月病”作为一种和情绪、心情、状态相关的新型病症在每个“五月”都会引起网友的热议。何为“五月病”？这种高端大气上档次的病又被称为“季节性懒惰症候群”。在此时节，一些平常阳光灿烂的人会陷入一种“郁闷”的怪圈：意志消沉、烦闷、苦恼忧伤，看啥啥不顺眼，吃嘛嘛不香，白天困得晕晕乎乎，晚上辗转反侧难以安寝；上学上班心情沉重，整日慵懒倦怠。说白了，“五月病”就是郁闷所致，提不起精神，所以活得无兴致，这是一种典型的现代病。

其实，在现实生活中，很多人不仅五月时会犯病，全年十二个月都会时不时觉得生活如高盐度的“死海”，自己就在上面晕晕乎乎飘着，也沉不到水底，永远都处在一种纠结的状态。纠结就纠结吧，最主要的是明明“五月病”缠身，却还是装出“人间四月天”的灿烂模样。多少人喜欢把自己伪装成明媚的向日葵，仿佛他每时每刻都沐浴在温暖的幸福阳光下。

但是，这样的你真的快乐吗？你明明是只畏手畏尾的蜗牛，躲在脆弱的壳中，却还是装作打不死的小强！你明明是一块糊了面粉的韭菜盒子，被生活的地沟油翻来覆去地烹炸，却还是装作“蒸煮炸煎”后依然鲜活蹦跶的铜豌豆！

你在人生的道路上欢快蹦跶着，雀跃向前，你喜欢用灿烂的“土豪金”颜色粉饰你的人生。在别人的羡慕眼光与惊叹声中，你觉知了自己的鲜活存在，你享受着“伪快乐”的虚荣带给你的满足感。头天晚上，你可能还烦闷低落得如爬满藤蔓的烂尾楼，然而第二天，当“毁歌不倦”的闹铃响起，你洗刷刷，精心搭配服饰，捋顺毛发，顶着精致的妆容或西装革履出门，瞬间变成了传说中的“女神”或“男神”。“Hi”你露出一口小白牙，与路边碰到的熟人、与公司里的同事笑着打招呼，即使你心里还在想着昨天的事，想找个人痛痛快快骂一顿。你小心翼翼掖着你的消极情绪，生怕他人看到了你丑陋的“负能量者”的尾巴。此时，春光甚好，花开灼灼，貌似又是一个美好的早晨。

其实，你已经是“电量不足，需及时充电”的状态，却还是强打起精神，站如松、坐如钟、行如风，雄赳赳气昂昂直面“惨淡”的人生。在外人眼里，你总是兴致勃勃、激情澎湃的满格状态。但是，你敢说自己在人后的笑容也是这样灿烂吗?

一些人灿烂如阳光是给别人看的，在人声鼎沸的背后，郁闷像雾霾一样笼罩内心，个中滋味大概只有自己知道。王志康就是这么个“表里不一”的人，他喜欢装出一副总是乐呵呵的样子，经常向身边的人炫耀贤惠漂亮的妻子及可爱的儿子。他所谓的“美满”的家庭生活总能羡煞众人。其实，他满肚子的苦水只有自己知道：老婆整天蛮横不讲理，三天一小吵，五天一小闹，不仅如此，还爱慕虚荣，狂买名牌狂花钱；正值青春期的儿子总是逃课、与人打架，还学会了抽烟，为此，他没少被老师请到学校“喝茶”。有时，王志康也觉得自己的“模范丈夫”、“模范父亲”装得很辛苦。但是，他怕被别人认为是生活的“loser”，因此，即使刚被老婆骂得头顶冒黑烟，他还是会发起任督二脉的真气，凝汇成满面的春风。

幸福不是外在派头，而是内心感受。有多少人如王志康一般，人前苦苦撑着一碰即碎的灿烂，人后却如郁闷的苦瓜，从里到外都又苦又糙。每个人都会有自己的郁闷，“人前灿烂，人后郁闷”几乎已变成常态。

有时，我们拼命摆出“灿烂”的面孔，像孔雀开屏一样显摆着自己的快乐，只是为了满足我们可怜的自尊，唯恐自己的软弱与失败遭人嫌弃。这种与生俱来的虚荣充斥着你的潜意识，你带着这种虚荣的快乐诚惶诚恐地生活着。在你敏感的虚荣心面前，你只能俯首称臣，结结巴巴地说“臣惶恐”。

有的人明明是多愁善感的种子，能为一件微不足道的事郁闷到悲伤逆流成河，却为了不遭人“鄙视”，偷偷咽着小郁闷，和小伙伴们唱着歌儿吃火锅，“灿烂”得不亦乐乎。为了自己的小小自尊，其脆弱的小心肝涨满了膨胀的虚荣感，恍若愁肠百结的落魄诗人变身为快乐的“猩猩”。

有的人是大大咧咧的粗人，只有碰到特别棘手的事，才会陷入郁闷的泥潭，他的郁闷是货真价实的郁闷。但是他是“大虚荣家”，他的人生容不得别人的质疑。他会隐忍、能紧能松，他才不想让人看到他的落魄样子，他害怕别人讥讽或同情的目光，他害怕絮絮叨叨的闲言碎语，因此平常总是一副“温柔”的灿烂样，如枝桠间透出的点点阳光。

用“人前灿烂”满足虚荣的代价就是活得很辛苦。你习惯了打落牙齿往肚里咽，就要忍受那恶心的血腥味；你习惯了当郁闷的小火苗燃起时，用一把灿烂的砂土去掩埋它，就要忍受被灼伤的切肤之痛。我们不是会自转、公转的小星球，不一定每时每刻都需要保持着闪闪发亮的“灿烂”状态。有时，你并不是真正的快乐，你的灿烂只是变色龙的伪装色。在某个时刻，当郁闷华丽丽侵袭了灿烂时，你何必非要伪装快乐，为自己戴上

“伪快乐”的面具。真正的快乐如纯棉织物，亲肤舒适，让你的全身细胞都能自如呼吸，而“伪快乐”的面具虽然看似泛着诱人光泽，却是废弃金属打造，冰冷沉重，你不觉得戴着很难受吗?

你的世界，已是风雨摧残后的城池，却还是营造出“又是晴天，万事安好”的假象。你都快要战亡了，还是耗费大量的精力举着“灿烂”的大旗。其实，我们不必活得那么累，抛开不实用的虚荣吧，开心就是开心，郁闷就是郁闷。

郁闷时，向生活挥挥小白旗吧，暂时妥协，酷酷地说一句，“爷最近就是活得不爽”。让你的小虚荣小自尊洗洗睡吧，不要再装出灿烂的样子了。让自己活在真实的世界中，这样你会感觉更轻松一些。

喂，镜子里的那个人是谁

“镜子，镜子，谁是这个世界上最美好最快乐的人？”

“当然是你啊，”镜子小心翼翼回答。林虹对着镜子左看右看，镜子里的人肤白胜雪，婀娜多姿，一袭雪纺小碎花长裙仙气飘飘，十足一个乐天俏女孩。她扭动着肿胖的身躯，踩着细高跟转了两圈，脸上的粉屑也随着阳光起舞。她对镜子点了点头，便心满意足地离开了。

林虹走后，镜子立马拿出纸巾狂擦汗，长吁一声：“还好我强悍，自带美白磨皮瘦身功能，能把所有表情都变为快乐美好的笑脸。”

这只是一个现代版的魔镜童话，我们都希望镜子里的自己璀璨夺目，但是，镜子里那个华丽丽的身影真的是你吗？

当你带着浓妆或淡妆，穿着正装或休闲装，对着镜子照了又照时，却越看镜子里的那个人越不像你。不像，是因为我们“伪装了”真实的自己，所以分不清到底谁真谁假。

一个五大三粗的老爷们酒喝多了，对着路边的车窗玻璃臭美起来，他哼着小调，依次整理自己的衣服和发型。突然间他火冒三丈，从地上捡起一块大石头拼命朝车窗砸去，周围的兄弟们刹那惊呆了，愣了几秒后，他们立马把他拉开，问他怎么了。砸车窗的人生气地说：“玻璃里边有个人，他凭什么那么开心，竟敢一直冲我笑。”众人听罢，脑门几道黑线划过。有时候，大概是“酒后吐真言”吧，这个人正因为喝醉了才显现出了自己真实的一面，流露出了真情实感。他觉得自己其实是不开心的，所以无法接受镜子里那个“开心的自己”。

当然，你不是醉汉，你不会傻到连镜子里的人是谁都分不清。但是日复一日的枯燥生活中，你真的能确定什么时候你是清醒的吗?

大概你很多时候都是迷迷糊糊的，只是不自知而已。当心灵布满尘埃，当面具戴得太久，你大概早已滴酒不沾却酩酊大醉了吧？你在镜子前徘徊，细细打量，“喂，镜子里的那个人究竟是谁？他为什么比我看起来快乐?”

镜子里的他还挺“人模人样”的。

他的眼神摄人魂魄，衣冠楚楚、五官端正、风度翩翩，微微一笑能迷倒万千少女，他是“男神”级人物。在公众场合，他的笑容总是略带得意。镜子后的他经常是刚刚打了一夜的游戏，眼神迷离，头发如鸡窝，对他来说，假期的消遣就是打游戏与看球赛。他是彻头彻尾的屌丝，一直没有学会与现实妥协。他会感慨人心不古，生活不易。

镜子前的她是过目难忘的美女，妆容精致，言行得体，笑起来如晴天的微风，连皱眉都有另一种风情。她的身边有众多追求者，总爱露出格式化的标准微笑。镜子后的她穿着松垮老旧的睡衣，头发乱乱地扎成一团，脸上蒙了一层雾霾，嘴边沾着零食屑，睡眼惺忪，面如菜色。她会像个市井大妈一样叉腰爆粗口，她会为了买的青菜比别家的贵了耿耿于怀。她是传说中的女屌丝，喜欢用双手拉着嘴角，扯出一个勉强的笑容。

你是不是从上面的话语中读出了自己的形象，有了什么样的心情？你是不是也开始拿起镜子，漠然地问一句：“你是谁?”你是不是开始分不清现实和梦境，看不清自己真实的模样？

你知道自己必须要怀着一颗快乐平和的心生活，许多心灵鸡汤与人生励志的故事告诉你要微笑面对人生，做一个积极向上的人。不管悲伤离合，不管酸甜苦辣，不管阴晴雨雪，仿佛你只要做出快乐的样子，就会拥有满满的幸福。你即使很疲惫，很伤心，很抓狂，也会对着镜子扯出一个比哭还难看的笑容，做出剪刀手。此时一个穿着拉拉队服的性感小人声嘶力竭地在你脑子里喊：“加油！加油！打起精神，勇往直前。”于是，镜子里那个笑眯眯的人就走进了现实中，继续奋斗。

疲惫的时候，你习惯了刷刷微博，看看主页，然后不假思索地点一个“赞”。对于你的机械生活，你也形成了心理惯性，对自己的现状不自觉点“赞”。你想对你的生活说：“朕已阅，很好很好。”生活的背后呢？是镜子里那个笑容僵硬的人悄悄点了三十二个“赞”吗？你把你的生活伪装成充满快乐的诗意人生，你晒出开怀大笑的搞怪合照，你秀说走就走的独自旅行，你放了一张自己亲自做的大餐的照片，你写了几句很有道理的幸福感言……你的生活看起来如此美好，镜子里的那个你看起来多么快乐。

然而，事实是，镜子里的那个人只是戴着“伪快乐”面具的你。会不会有一天，你看着镜子里的自己好陌生，越看他越心烦，你想上去揍他一顿，你想跟他拼命，你想把他从冷冷的镜子里揪出来，问问他究竟是谁？

不管他是谁，都是你逃不开的自我。网上流传过一句颇能敲开人心硬核的话：“你说无论我变成什么样子，你都不会离开我，于是我摘下了面具，看到了落荒而逃的你。”这样的句子煽情与意味深长兼具，又能跟情感扯上边，总能引起共鸣，然后大批人转发，泛滥网络。从另一方面看，这种句子的流行说明觉得自己活得不真实的人太多了，大家都是隐藏的面具人。习惯了戴着面具行走游离，久了，照镜子都不认识自己了。当你摘下面具，会不会把自己也吓跑了呢？不要再犹豫，马上抛开“伪快乐”，不要虚假的幸福，不管美丑喜乐，让镜子还原一个最真实的你。

虚伪的世界里，别忘了带药

我们生活在一个“快乐平和”的世界里。

公交车司机说：“别挤了，别挤了，后面一辆车马上就到！”于是，你就乐呵呵地在路边等啊等。结果，你在路边看美女看得眼都花了，车还是没来。

饭店服务员说：“您要的菜马上就好…”于是，你就开心地想着很快就能美美吃一顿了。结果，你饿得前胸贴后背，你的菜还是没上。

街边商店挂着横幅：“仅此一天，跳楼大甩卖！”于是，你也像打了鸡血一样挤进人堆里。结果，你发现这个商店天天都在跳楼放血甩卖。

领导上台前说：“下面我简单地说两句！”你喜滋滋地想着太好了。结果，你的耳朵都快听出了茧子，领导还意犹未尽。

见到久别的同学，存下各自的号码：“有空常联系！”你们犹如他乡遇故知般乐不可支。结果，你们再也没有联系过。

别人到你家做客，你乐呵呵地说“你人来就好了嘛，还带什么礼物！”你的眼里闪着快乐的真诚的光芒。结果，人家一走，你就迫不及待看了看人家送的是什么。

女朋友跟你分手时眼泪汪汪地对你说：“你真的很优秀，我真的很舍不得你。”你虽然有点伤心，但还是有一丝感动与小得意。结果，第二天，你看见她甜蜜地挽着另一个男生的胳膊。

这些场景是不是也经常发生在你的生活里？大家都如此虚伪惯了，你也见怪不怪。你早已混成了江湖老油条，快乐地被烹炸着。之前的你可不是这样，就是那么脆生生地横冲直撞，你还没学会刻意去创造和谐的氛围，让所有人都“快乐”。

话说有这样一个毛头小伙子，正是年轻意气风发的大好时候，经常向上司提建议。一天，公司例会，老总公布了一个新的项目方案并询问全体人员的意见，一个部门经理把老总的方案吹捧得神乎其神，随后各个大小领导纷纷附和，就差齐声呼喊“老大威武，老大英明，兄弟们佩服得五体投地。”而毛头小伙子却如平地一声惊雷，突然站起来说：“不，我认为这个方案还有很多漏洞。”刹那间会议室安静了，老总脸上的得意之色很快褪去，脸色逐渐凝重，诸位“观众”开始窃窃私语。很快，老总换上了一脸春风，说：“小伙子，你说的很对，我们公司就应该大力发扬你这种敢提意见的精神。”听了老总的表扬后，这个小伙子更像打了鸡血，滔滔不绝地说了很多自己的看法。几个星期后，他却因为一个小小的失误被炒了鱿鱼。

年轻气盛时，我们也是这样的吧，黑即是黑，白即是白，丝毫不在乎别人的眼光，能勇敢表达自己的想法，自以为世界的快乐就应该是这样澄澈的。但是，碰壁了，受挫了，屡次被生活炒了鱿鱼，我们开始灰溜溜地适应了这虚伪的世界。虚伪的你在虚伪的世界里快乐着，你知道这也是一种病，而且自己病得不浅了。但是没有办法，人生已如此“艰难”，我们只能用纸给自己糊一座快乐的大厦。虽然这个大厦的名字叫“伪快乐”，但我们还是喜滋滋地把它供奉着。它是你的精神图腾，你安慰自己，“我虚伪也是为了大家都好，这样我快乐、你快乐、我们大家都快乐不是很好嘛。”于是，大家都这样自欺欺人，告诉自己我的虚伪为世界和平贡献了一份微薄的力量，避免了气氛的僵化及暴力场面的发生。所以，我们都说着言不由衷的话，生着或重或轻的病，用“虚伪”构造出了一个晴朗快乐的世界。

虚伪的世界里，天空飘着祥和的云朵，连“快乐”都是热情洋溢的。这不，乌龟与兔子第 N 次在路上遇见，它们像失散多年的亲兄弟遇到了一样显得特别开心。兔子朝乌龟作揖：“龟兄，好久不见，听说你升到了正科级。恭喜恭喜啊，以后还要仰仗兄弟多多照顾。你还是这么精神，仍有当年的风采。”

乌龟回礼：“哪里哪里，兔兄谦虚了，你的生意做得也不错啊。你依旧是这么英俊潇洒啊。”于是，一兔一龟便站在路边寒暄，你夸我的领结如何优雅，我夸你的马甲如何帅气。相互称赞了彼此一番后，双方作恋恋不舍状分别，各走阳关道与独木桥。

是不是总有这样的场景，大家都戴着面具，小心翼翼地客套恭维。“哈哈哈哈”，笑声一片，你们都笑得无邪，都显得很快乐。但是，故事到此还尚未结束。乌龟边走边想“哼，看你那一身肥肉，还好意思打领结，不就是有点臭钱吗。”兔子边走边想，“呸，瞧你那一脸得瑟，当个小科级干部有什么了不起。当年要不是我让着你，你能赢我？”

人群散去，一转脸，你又是这般心如千千阙歌，万千种心思。你言不由衷，心口不一，习惯了当乌龟与兔子，习惯了在这个虚伪的世界里“厚如城墙，黑如煤炭。”你并不熟知厚黑之道，却在不知不觉中实践了厚黑学的精髓。你因这个世界而虚伪，这个世界也因你更虚伪。你与世界和解了，表面看起来，你们达成了和平的喜悦协议。渐渐地，你成了蜂窝煤，变得“厚而硬，黑而亮”，虽然已是千疮百孔，被生活的打煤机打了一个个规整的洞，你还是揣着一颗“快乐的黑心”。你亦步亦趋、小心翼翼，你谨言慎行、察言观色。你觉得自己已经分裂了，一个是虚伪的你，一个是真实的你，虽然“真实的你”总想跳出来透口气，却还是被“虚伪的你”活生生按了回去，因为你知道，“虚伪的你”更容易快乐，也更容易缓和僵硬的世界，让周围的人快乐。虽然，这是一种变异了的快乐——伪快乐。如此分裂，如此矛盾，你离传说中的“蛇精病”不远了。

特此提醒，人生漫长，虚伪的世界里，不要放弃治疗，别忘了随身带药。莫要让鲜活的红心枯萎了，多给“真实的你”喂些保健品，让它长成强壮的快乐小人。你能做的就是一次又一次接受现实带给你的失望，然后漫不经心、毫不在意地继续去热爱这个虚伪的世界。在心里的某个角落，留存着孩童的天真和任性，使之成为你在这个日趋虚伪的世界中的最后一道防线。人生已如此艰难，何必要去强拆它虚伪的面目。

卸下你热爱伪快乐的重荷，不要用虚伪用圆滑去获取你自以为的快乐。快乐珍贵，经不起算计。带着一颗圆润的心在人山人海中穿行，把你的伪快乐加些真诚进去，它会离真正地快乐越来越近。

你是面瘫患者吗

现在流行折腾脸，大家没事就喜欢对自己的这块巴掌之地瞎整。以骨感身材走红的日本女星七濑里菜，通过整形将脸型变尖、眼睛变大、鼻子变尖变挺。最让天天嚷着要减肥的人嫉妒的冒烟的是，她将体重由39公斤减到35公斤以下。众网友看了照片，纷纷评论她整得像外星人，而七濑里菜却能直面质疑，表示术后效果很好，很喜欢目前的美貌。

对于如此怪异的审美者，只能默默佩服她的勇气。自从这么多年，韩剧火了以后，能敲核桃，能钉钉子的“锥子脸”开始大行其道，多少美女嫌弃自己脸大，巴不得下巴尖得能用来凿冰。于是，整容也火了，锥子脸、大眼睛、高鼻梁、如筷子般瘦削的大美腿成了美女标配。当你蹲在路边看美女时，你发现不仅脸型差不多，而且眉型也差不多，都扑了白粉，长睫毛闪啊闪，最主要的是连表情也差不多。你很好奇，便细细看起了所有行人，但是，你发现所有人的表情都一样，板着一张刻板僵硬的脸，笑容像是浮在脸上一样。怎么办，所有的人的表情都被微整形了。

你双目无神，扯起嘴角，露出一个格式化微笑，不快乐也硬是要整出一张伪快乐的脸。你很久没有开怀大笑或畅快大哭了，你的脸上已不会浮现出特别愤怒或特别欣喜的表情。还记得西游记里的唐僧吗？一张不惹尘埃、一切了然于胸的脸。恭喜你，你也变成了“唐僧脸”。你的脸上，波澜不惊，是历经九九八十一难后的沧桑与“大彻大悟”。你“面瘫”了，

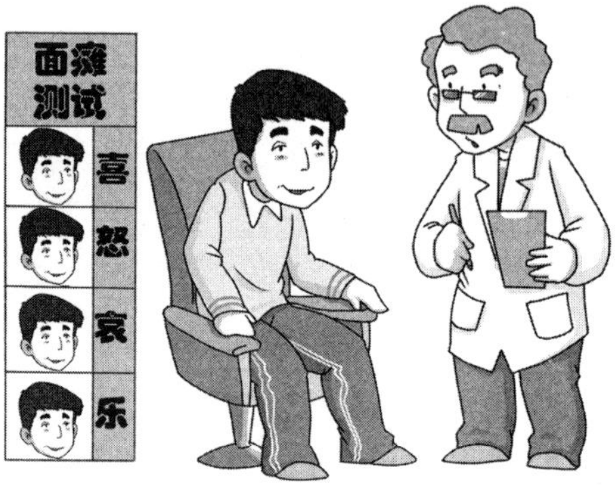

你脸上的眼睛、鼻子、嘴巴都像面粉捏的一般，当你无奈，当你郁闷，当你烦躁，当你厌恶，你还会微张开嘴，从牙缝里挤出“呵呵”，虽然面瘫了，你还是想当一个快乐的面瘫患者，至少让别人看起来很快乐。

作为一个面瘫的“伪快乐者”，你最喜欢动不动“呵呵”。因为“哈哈”“嘻嘻”“吼吼”都比“呵呵”更费力气，必须要扯动更多的脸部肌肉，你已经麻木了，脸上的神经动不了，所以只能用最小的力气去摆出快乐的脸谱，“呵呵”一笑。别看这个拟声词简单，却意味深长。“呵呵”已经成为时下表示礼节性微笑表情的使用频率最高的词汇了。但同时，“呵呵”也被评为2013年度最伤人最恶心的词汇，有了“流言止于智者，聊天止于呵呵”的调侃。

“呵呵”跟面瘫是绝配。你即使没去过美容院，没有跟风做了个纯韩整容，却也被自己的内心世界折腾着整来整去。都说相由心生，你的心瘫了，所以脸也瘫了。你麻木不堪，对于所有的事都如隔岸观火一般。你习惯了对好事坏事都“呵呵”一笑。你就那样不痛不痒着，即使真正的快乐悄然降临到你身边，你也不会注意到。你的快乐就像是蚊子叮咬过后的红肿的包，稍微有那么一点挠心，却又很快退去，不会引起任何重大的反应。

这种麻木不仁的快乐也是伪快乐的一种，你以为自己淡然从容，你以为自己的生活很好。所以，你整日扬着一张看起来仿佛有那么一丝快乐的脸，活在伪快乐的面纱下。日复一日，年复一年，你的脸没动过刀子，却更似动过刀子。这是一张标准的面瘫的脸。

整整你那面瘫的脸，收起你的“呵呵”吧，不要践踏你的生活热情。你曾经对世界充满好奇，充满激情。那时你眼神清澈，模样清秀，透着憨憨的快乐。没有 Photoshop，没有美图秀秀，没有 45 度角俯拍出来的锥子脸，没有嘟起嘴装出的一脸无辜。没有眼影，没有美瞳，那是一个真实、淳朴的年代，你还没有“面瘫”。

不快乐就不快乐吧，没必要非要装成心情很好的样子。你不需要跟每个人都把“哦”换成“好的”，把“呵呵”换成“哈哈”。你不需要聊天的时候使劲找话题，沉默就沉默吧。你不需要一肚子憋屈，尽量不跟任何人争吵。你不需要坚信吃亏是福，不跟每一个人斤斤计较。你不需要故意装作退一步海阔天空，而任由无理的人得寸进尺。你不需要装绅士，说话文明举止文明附庸风雅。你不需要装成贴心暖男，去关心身边每个人。

别用快乐去掩盖内心的阴暗，这样欲盖弥彰，反而会让你越来越不自在。不要让伪快乐为你的心灵和面部注入“肉毒杆菌”。扔掉伪快乐，让你那张皮笑肉不笑的面瘫的脸歇歇，悲是悲的样，喜是喜的样。面无表情不是酷的象征，人生不需要酷酷地对待。痛快去哭，痛快去笑，不要再把你那张脸拧巴成一朵似笑非笑的喇叭花。

"我很忙"，其实我也很寂寞

杜甫作为诗圣，作为一个名人，必须要很忙。即使"穿越"到现在，他依旧很忙碌：语文课本的杜甫插图"不幸"中枪，在网友的笔下，这个原先端坐在大石上的翩翩诗人被涂鸦成了时而手持狙击枪，时而身骑白马，时而脚踏摩托，变身成了超级赛亚人、奥特曼、送水工等角色。网友戏称为"杜甫很忙"。

杜甫忙，其实你好像比杜甫还忙。但是人家是一个名人，忙得是有"成就"的。你呢，也忙着写诗，忙着忧国忧民吗？你被生活涂鸦着，比穿越到现代的杜甫活得还丰富多彩。你理直气壮，你振振有词，"我的忙是为了生活得更美好更快乐。"

作为文明的现代人，我们大多数人都有一个共同的特点。这个特点是什么？就是忙。每个人都忙忙碌碌，你忙着干这忙着干那，乍一看像只勤劳的小蜜蜂，“嗡嗡嗡”飞到东来飞到西，你以极大的频率振动着翅膀。但是，你并不是真正地在“采蜜”，你只是在忙，忙着一些乱七八糟的琐碎事，忙得毫无头绪。看似你的世界热热闹闹，你的手机响不停，你的邮件发不停。但这种热热闹闹、这种用充实打造的伪快乐的假象真的是你想要的吗？

别看你很忙，其实有时候，你只是用忙掩盖你的寂寞吧。“许多的电话在响，许多的事要备忘，许多的门与抽屉开了又关关了又开，如此的慌张。忙是为了自己的理想，还是为了不让别人失望。”这是台湾音乐人李宗盛的歌曲《忙与盲》，它深刻地反映出了现代人普遍忙碌却又有些盲目的生活现状。

“瞎忙族”的流行绝不是偶然，多少人陷入忙碌的陷阱，却还是发现没有时间做自己想做的事，最终一事无成。于是，你的忙让你变成了生活的“盲人”，“忙的已经没有主张，忙的已经失去方向。忙忙忙，盲盲盲。忙的分不清欢喜还是忧伤，忙的没有时间痛哭一场。”总之，一辈子就那么长，没时间休息的人，迟早会腾出时间生病；没时间恋爱的人，迟早会腾出时间去相亲。

你的时间永远匀不开。你忙了这么多年了，小时候忙着写作业抄作业背书考试，长大了忙着工作忙着赚钱忙着提升自己。看起来是如此积极上进，但是，这却是一个看似快乐实则落寞的恶性循环。你会一丝不苟，因为知道没有人会提醒你；你会出门先看天气预报，因为知道没有人给你送伞；你总是很努力工作即使通宵加班也无所谓，因为知道家里没有人在等你。

大家都夸你勤劳上进、聪明能干，他们不知道的是，你所有的聪明能干，都是这些年一个叫孤单的朋友教会你的。你之所以忙忙碌碌，只是想营造快乐的假象，这是一种看似激进实则逃避的生活方式。

你知道一旦忙起来就没心思去想别的事了，这样会让你忘了你是一个孤零零孑然一身的人。所以，你用忙碌去遮掩你孤单的不快乐，希望在别人眼里，你是多么合群勤奋的一个人。

关于忙碌，美国的一个专栏作家蒂姆科林德写过这样一篇非常有意思的文章，她说那些喜欢说自己忙的人既不是重症监护室里的轮值人员，也不是打着多份短工为生存而奔忙的人，其实对于大多数人来讲，忙碌是一种自找的结果，归根结果是野心和欲望让它们停不下来。

所以，忙碌是你自己硬要搬起的大石块。你以为搬着它，就不再是一个人赶路，有了一个共同的战斗伙伴，生活就会快乐热闹有意义。但是，如果它哪天重重地砸到了你，扰乱了你原本应该的简单的生活秩序，你还会觉得它能给你带来快乐吗？

我们忙碌大概是把它错当成了充实、快乐的代名词。“自己动手，丰衣足食”，“自立自强，自力更生”是我们从小就接受的真理，所以对生活的大事小事，有意义的事无意义的事，事必躬亲，我们有太多的目标想实现，有太多的精彩想抓住。我们以为忙起来生活就会变得丰满，但是，那些忙忙碌碌的背影中，有多少颗碎掉的孤单的心。

你怕孤单，你怕被落单，忙碌会让你觉得生活有了追求，让你觉察到自己的存在感。这种欲望和野心像绳子一样不断鞭挞着你，你只能前进，拼命去充实自己。

你享受着忙碌的生活带给你的满足感。当一天的二十四小时被掰成了二十五小时，你在挂上了星星和月亮的夜色里长吁一声，感慨着“哇，一天又过去了，这真是忙碌充实的一天。”你带着兴奋与满足感昏昏入睡，你忘了自己的落寞，第二天又开始了“快乐的二十五小时”。

但是，忙碌不是我们生存下去的必备因素。未经我们的点头应允，忙碌是不会私自闯入到我们的生活中去的。不要再用忙碌掩饰你的空虚，掩饰你的寂寞。

年少的理想去哪儿了

有一段时间，80 后的怀旧潮突然火了，海魂衫，小霸王游戏机，铁皮绿青蛙……似曾相识的旧物回归到了我们的视野中。“老男孩”“那些年我们一起追的女孩”及“致我们终将逝去的青春”的火爆，足以说明我们心底依旧怀有对往昔峥嵘岁月的悸动。那是一段再也回不去的美好时光，小小的人却有各种稀奇古怪的理想。

有这样一个新闻报道，一个老师布置了一篇关于理想的文章，结果班里的很多小学生写的都是当大官、赚大钱。你看到这时，摇了摇头，感慨一下时代果然在进步，后浪能把前浪拍死在沙滩上。你的优越感顿生，“现在的孩子啊真是被腐化了。这群小朋友们目光太短浅，遥想我当年，可是单纯高尚、有志气多了”。

你家里的墙上还贴着小学时的奖状，你曾站在讲台上咧着嘴笑得无比灿烂接过它们。那时，你还是班里威风凛凛的小班长，拿着一个掌管着同学“生死”的记名册，谁上课说话，谁做小动作，谁惹到你了，你就“大公无私”地狠狠地记他一笔。你身后跟着一群“小弟”。那也许是你一生中最有权势、最威风的时候，当时你想当科学家，你想当大老板，你想当飞行员，总之，你的梦想无边无际。

你为了看电视经常不写作业，那些武侠剧里的各路侠客让你目不暇接，你也想拥有飞檐走壁、舞刀弄枪的本领。你喜欢拿一小截木棍当你的宝剑，你上蹿下跳，整个世界都是你的江湖。

那时，你也经常要写“我的理想”的作文，同学们写的有当老师、当医生、当警察的，甚至还有写当联合国官员维护世界和平的，大家的理想都很无私且崇高的。犹记当时年纪小，却活得很神气。只是后来，你都忘了自己还曾经有过这么远大的志向。

你变得越来越容易满足，理想也越压缩越小，直至完全干瘪。你把自己的这番改变叫“接地气”，你为自己辩解，人只有现实点，才会更容易快乐。于是，你带着一身的“快乐”，晃晃悠悠机械地生活着。对你来说，所谓理想，只是针眼大的小事，有没有你都能照样快乐。你的日子云淡风轻，仿佛修行一般。还记得从前有座山，山上有座庙，庙里的那个和尚吗？

他小时候经常对着云雾缭绕的大山发呆，对着闪闪发光的佛祖像发呆，他想，将来我一定要走出这座大山，云游四海，我要当个大师。后来，年纪大了一点，他天天看着一拨又一拨衣着光鲜带着晃眼的金项链与金戒指的人来庙里上香。虽然他们开着豪车看起来很得意，但是他们对师父还是毕恭毕敬的，一脸的郑重。和尚突然觉得像师父这样当一个庙里的住持也很好。渐渐地，和尚发现天天研习佛法、诵经是一件很枯燥的事，于是，便开始心有旁骛。经常有一些落魄的人到庙里来许愿，对着佛像唠叨自己的不如意，抱怨就业难、抱怨爱人变心、抱怨钱越来越不够花了，他在旁边听着，头皮发麻。他觉得自己每天在庙里擦擦佛像扫扫落叶，有的吃有的住，不用为生计奔波，一辈子就这样轻松悠闲也足够了。最终，他就在小庙里呆了一辈子，当了一辈子的和尚，负责庙里的大小杂务。

你如同这个和尚一般，在小小的世界里自我感觉良好，偶尔会有些闷闷不乐，但很快就会被对现实的满足感湮没。你从来没想到自己的快乐或许只是肤浅的表象，你用无理想状态维持着看似还挺敦实的伪快乐。

在有些残酷的现实面前，我们的理想就这么一点点萎缩，最终，你习惯了柴米油盐酱醋，习惯了看生活的脸色。理想——你早就忘了，虽然你还会教育你儿子要当个有理想有斗志的人。

你本来是一只挥舞着翅膀的嚣张的快乐小鸟，因为你长着五色的羽毛，但是后来发现大家其实都是灰不溜秋的叽叽喳喳觅食的麻雀。于是，在岁月的油烟味熏染下，你变成了一只乌鸦，会在失望至极的时候哀嚎，你的百分之百纯快乐消失得无影踪，你扯着嘶哑的嗓子歌颂平静的生活，为你的伪快乐唱着战歌。

你嘲笑那些风雨里搏击的老鹰，它们多傻啊，头破血流，遍体鳞伤，看起来很痛苦。其实，乌鸦永远不懂老鹰的快乐。你一辈子也只能这样了，护着你小家子气的伪快乐，当只“快乐”的乌鸦。

其实，你并不是只愚昧至极的乌鸦。你有那么一点明白，你的伪快乐实际上远远多于你真正的快乐，因为你曾经的理想都跑了，它们真的变成了遥不可及的梦想，变成了你够不到的黄粱梦，变成了白日梦。

年少的理想太沉重太大，或许现在的你压根就扛不起来了，但是，请至少保留些许年少的理想附带的朝气与热情，给你的快乐加一些炭火。

关于打肿脸充胖子这件“小事”

打肿脸充胖子一直是我们的特色传统，“面子”是我们生活的重中之重。我们心里或许正翻江倒海，正在小小绞痛着，但是为了面子上的光鲜靓丽，还是咬紧牙关，“苦苦”坚持着。

为了面子，别说打肿脸疼得龇牙咧嘴，哪怕一不小心打掉了牙，也是值得。

刘小富新交了一个女朋友，每天乐得跟花儿一样。女友是个正宗的吃货，为了赢得女友的芳心，他天天带女友去一些特色餐厅，今天去个百年老饭馆，明天去个高级西餐厅。

女友是开心了，他的票子却很快就要见底了。刘小富属于广大“搬砖男”中的一族，说白了，也是领着微薄的工资每个月过得紧巴巴的人，虽然每天夹着公文包人模人样地到豪华的CBD上班，看起来很高端的样子。

为了不在女友面前丢面子，他开始绞尽脑汁从自己的生活费里抠钱，原本每天中午的盒饭都会有一个鸡腿，现在连鸡腿都免了。可是再省也省不出多少，填补不了巨大的恋爱开支。因为除了吃饭，他还想让女朋友觉得自己是个浪漫有情调的人，便时不时买些小礼物，礼物虽小，却都不便宜。

还没到半个月，刘小富的银子彻底见光光了，连以前的“存粮”都耗光了。刘小富焦灼得像热锅上的蚂蚁，他一向不喜欢向别人借钱，但一想到还答应了明天带女友去吃澳洲大龙虾，便硬着头皮跟好兄弟开了口。

第二天晚上的龙虾大餐，他笑脸相陪，看着女朋友吃得津津有味。女朋友的夸赞更让他觉得倍有面子，他一激动，又夸下了海口“你喜欢，咱就明天还来。对了，城东还有一家海鲜馆，那味道没得挑。周末我带你去!”说完了，他才发现好像有什么不对劲，心里在一滴一滴滴着血。

多少人是刘小富的翻版，为了在家人亲戚、朋友同事及对象面前维持闪闪发光的形象，自己在艰辛地撑着。大概我们从小就深受“面子教育”的影响吧。小时候，碰到亲戚，他们前三句话里必会问“这次考试又考了多少分啊?”你父母轻描淡写地说：“这次考得不好，只是班里第三名。”你亲戚便开始啧啧称赞：“比我们家那谁谁争气多了，他这次刚进了前十。”你看了看父母，他们脸上有难掩的得意，你的心里也增长了小小的骄傲与自豪感。

长大后，你毕了业进了社会，又有人问你：“你现在在哪上班啊？对象是干什么的?”你没有任何语调变化地报出了一个政府机关的名称，告诉他们对象和你在一个单位。他们提升了语调，连连夸你真有出息，进了个好单位。夸你真有福气，找了一个好对象。你谦虚地笑了笑，"这没什么，还不如人家农民工挣得多。"话虽如此，你却瞬间觉得自己高大伟岸了许多，一股热流从脚趾窜到头顶。看着别人的羡慕的神色，你的心里有个快乐的小人在欢呼雀跃，虽然你混得确实不如一个农民工，天天在单位里对领导点头哈腰，你一个月的那点工资仅够吃穿。但是对你来说，表面上看起来、听起来风光，让别人觉得了不起就够了。面子会为你赚取到很多的快乐分值。

你就像零食店里那裹了粉的炭烧腰果，看着个头挺大，吃起来也脆脆的。但实际上只是劣质坚果"打肿了脸充胖子"，一斤腰果却裹了二两面粉，遮盖住了你那表面的瑕疵，或许还是过期变质的腰果，裹了一层"外衣"，便成了健康养生的美味炭烧腰果。

对于"打肿脸充胖子"的坚果，相关专家建议这种裹了"衣服"的加工过的腰果尽量不要买，应选择原味原色的产品。所以，为了你的"健康"考虑，把你那层厚厚的面粉壳褪了吧。你是 19.9 块一斤的螃蟹，何必要大费周折往 29.9 块那一堆螃蟹里爬。真的成了 29.9 块一斤的螃蟹，你会快乐很多吗？

面子的增长会让你觉得倍儿爽，但那只是暂时的。一时的光环与兴奋感黯淡了之后，你还会那么快乐吗？这种面子的光彩给你带来的快乐只是海市蜃楼，不是实在持久的喜悦感。

关于"打肿脸充胖子"这件小事，还是到此为止吧，何必天天非要顶着一张"包子脸"去见人，这是一种"痛并快乐着"的不健康的生活状态。以打肿脸的代价换来的快乐不要也罢。你不需要去追求面子带来的那份伪快乐，因为这是以牺牲了你真正的快乐为代价的，为了面子，做一些不切实际的努力会让你越来越累。

最终，当面子的光彩“枯萎”了，你会发现你的生活也如一口枯井，里面堆满了伪快乐的枯叶。并不是说面子与快乐不能兼得，过分追求面子的后果就是你抱着大把大把的伪快乐“如履薄冰”，你怕一失手世界就此天昏地暗。

你在为谁“七十二变”

你快乐一天的开始也是变身的开始。

你怀着一颗沉重的心到了公司，在上司面前，你毕恭毕敬、兢兢业业；在同事面前，你乐于助人，认真负责。

你怀着一颗沉重的心回到了家，在媳妇面前，你温和体贴，扮演一个好丈夫的角色；孩子又调皮了，你慈祥地跟他说了几句话，尽量当一个好爸爸。

跟朋友聚会时，你听着别人诉说生活的不容易，并不时出言献策，你是一个能排忧解难的合格的朋友。

在日常的生活中，你不管是打车还是买东西，都会对陌生人彬彬有礼，客气地说一声“谢谢。”

作为社会中微不足道的一员，你要扮演多重角色。孙悟空会七十二变，能变成村姑，能变成小草大树，你也会变，只不过变来变去还是你本人。王青青也算得上是一个变色达人。她是不折不扣的大龄剩女，经常被家人逼着相亲，虽然自诩“高学历的新时代女性”，对相亲这种老掉牙的把式十分不屑，但眼瞅着要跨入超级剩斗士的行列，她还是暗暗地着急了，勇猛地去参加了一次又一次相亲。

五一小黄金周也是相亲的黄金季，亲戚给王青青介绍了三个优质男，一天一个。她决定抓住这个大好时机，从此人生无烦恼。在相亲前，她细细研究男方的资料，重点琢磨男生心仪的女生类型。一号相亲男喜欢的是古典文静型的，第一天，王青青特地买了一身旗袍，挽了发髻去赴约。她端端正正坐着，时刻注意自己手脚的摆放，连笑都不敢张开了嘴放声大笑，她觉得自己都要拧巴成一尊雕塑了。最让她郁闷的是明明一桌好菜，她却只能装淑女，小小吃了几口。第二天，相亲男是个海龟，喜欢热情开朗的个性女生。王青青穿着 90 后表妹的撞色拼接的宽大衬衫，面对着“海龟”喋喋不休的超冷笑话，还要配合着“哈哈大笑”，作出阳光灿烂状。第三天，相亲对象是个木讷理工男，喜欢小鸟依人的可爱女生。王青青只好穿了一身粉嫩的衣服卖萌，还配上了可爱的包包。理工男见到她果然眼前一亮，王青青十分得意，更化身为了楚楚可怜娇弱的小女生，只是想到“一大把年纪”仍然在卖萌，她突然深刻理解了“卖萌可耻”的内涵。

王青青就这样一鼓作气，不畏艰险，为了相亲成功，三天变了三个样。在超女大变身的过程中，她发现自己原来也可以有千百种风情，虽然体验到前所未有的别样的快乐，她还是觉得自己都要人格分裂了。

你有时像王青青一样，千万种变化只是为了满足别人的喜好，你觉得不如此便不能获得认同，你的生活会丧失很多乐趣。

生活本来还是一杯浓茶，被日子的自来水来来回回冲泡，味道便也如食之无味的鸡肋。你也活成了鸡肋，没有牛肉营养丰富，没有羊肉味美汤鲜，没有鱼肉鲜美滑嫩，也没有猪肉实惠，却还是得瑟着，“我是快乐的鸡肋，我骄傲。”

在沈阳这地方，鸡肋就充分实现了“七十二变”，可以与你的多变媲美。鸡肋连同鸡的其他骨头一起，形成了鸡架这道小吃，而且做法层出不穷、花样翻新。对于沈阳人来说，啃鸡架的幸福简直无法言表。在街头巷尾的小店之中，烤鸡架、炒鸡架、铁板鸡架……甚至鸡架配面条都能做出人间美味。

在沈阳本地曾经流传过一句话：“北京有烤鸭，沈阳有烤鸡架；重庆有水煮鱼，沈阳有麻辣鸡架；广州有老火靓汤，沈阳有鸡架汤；扬州有炒饭，沈阳有炒鸡架；香港有烧腊，沈阳有卤鸡架……”

鸡肋七十二变后成为特色美食，你作为芸芸众生中的“鸡肋”，也在一会当着烤鸡架，一会当着卤鸡架，你抹了些油，刷了层酱，撒上孜然粉和辣椒面，一丝不苟地扮演起了别人眼中你应该扮演的角色。你自以为服务了别人，也服务了自己，你自以为唯有你的“七十二变”法术，才能保留住快乐。

但是，这种通过“变化多端”获得他人认同感得到的伪快乐会汇成没有氧气的空气，让你憋闷。小心点，别窒息了。

做事只为“秀”，你比新闻发言人还累

你经常说自己是一个很简单的人，这话不假。你的“快乐”太容易得来，只要你在秀，你的“快乐”也不会停歇。你就是喜欢大家的眼光汇成聚光灯的灯光，全打在你身上。

当“独自旅行”成为时尚的时候，你一刷屏都是小伙伴们去旅游的照片，于是你也抽空背着包像模像样踏上了旅程，与大门口的石碑合影，与当地人合影。你挤进了传说中的小清新聚集地，去了趟丽江，去了江南的古镇，去了一些大家都说好的地方，虽然你去的时候只看到了人山人海，你打心眼里觉得不过尔尔，但你还是传了一些清新唯美的照片，写了一句酸溜溜的话“青春永远在路上……”。看着大家羡慕的评论，你满足了，刹那觉得不虚此行，虽然累了点。

你又看到大家都在晒自己的自拍。于是，你也装忧郁装深沉状，或捂着一只眼，或闭目沉思，或是用灯光打出有棱有角的侧脸，或是躲在黑暗的角落里扮成一副哲学家的模样。你拿着手机自拍了很多张奇形怪状、姿态万千的照片果断上传，看着一溜儿的点赞，你洋洋得意，虽然你觉得你的自拍表情诡异。

有一天，你发现大家都变成了大文学家、大思想家，纷纷发表自己的心灵鸡汤或打油诗或是适合治愈失眠的小品文，你又心潮澎湃了，你暗自思忖“你们那都算什么，看我写出来的东西绝对亮瞎你们的眼”。于是你连续几天几夜研究宋词格律，终于弄明白了平仄，便开始硬生生扯出了一篇“词”，在你的“神作”里，大漠孤鹰与江南柳絮齐飞，亦婉约亦豪放，在膜拜声里，你俨然觉得自己成了开创新文风的一代文豪。

你做事只为秀，只为做给别人看，不管你是不是真的喜欢或是真的用心。你就是喜欢秀你的快乐生活，你就是喜欢秀你是一个活得很有价值的人。你是时尚潮流的忠实粉丝，流行小盆栽时，你也天天施肥捉虫变身成为植物专家；“舌尖上的中国”爆红时，你就是美食鉴赏家，品评你吃过的大小美食；在大家都嚷着减肥养生时，你晾出了你在健身房的肌肉照片及精心搭配的营养晚餐；大家都晒自家小宝贝时，你变身为“守护婴儿天使”，也抱着你的小侄子显摆了一下；情人节光棍节时你又成了情感专家……

你总是这样，把自己太当回事，时刻活跃在公众视野里。虽然只是一棵葱，还是把自己显摆成一棵郁郁葱葱的大树。你整天在公司里跑来跑去，一会帮小红打印个文件，一会帮小黄冲杯咖啡，一会又帮小白查找资料……你忙得团团转，到了下班时自己的工作往往还没完成，经常回到家加班加点。但是，你依旧很开心，因为大家都夸你“人真好”。你甘愿做个勤奋的“跑腿的小二”，其实，你只是想让老板看到你有多勤快多乐于助人，你只是想得到同事的齐声夸赞。

你的经济状况一直很紧张，却还是喜欢呼朋唤友到饭馆里大吃大喝一顿，吃完之后，你大吼一声“你们谁都别动，这顿饭我包了”，于是，你豪爽地拿起票子买单。你每到月底的时候只能靠泡面裹腹，不过你吃得仍是不亦乐乎。每次吃喝过后看着花出去的钞票你都会肉疼，但是你就是享受在兄弟面前买单时的那种潇洒的感觉。

你爱出风头，做事只为秀，你就是喜欢那种被众人的夸赞包围的感觉。你就像自己的新闻发言人一样，时刻注意提升自己的“国际形象”，其实你的身累心更累。“秀”给你带来了无限“快乐”。在众人的赞赏目光

与一片好评声中，你沾沾自喜，洋洋得意。你像一只被充满了氢气的气球，哧溜一下飞到高空，在高空中，你享受着被“瞻仰”的自豪感，你以为这样很快乐。但是，做一只飞到高空的气球，你就要保证时时刻刻维持着完美形象，保持着十足的精力，提防着不能漏气。

停下歇歇吧，别再当一只飘忽不定的气球了。你不需要通过秀赢得别人羡慕、赞赏的眼光，这种虚假繁荣的快乐犹如你拼命拉高了 GDP，却是以牺牲环境的可持续发展为代价的。

这种伪快乐，这种过度的“秀”会使你丧失了自我，会使你的所作所为都附加了“不纯的目的”。好好的平地你不走，偏要去当走钢丝的明星。人生还是要脚踏实地些好，快乐还是应该沉甸甸的，有一定的分量，这才是十足的纯正的快乐。

不然，你会“越秀越累”，一旦有一天，你的假面目被戳穿了，你整个人都会如大厦一般顷刻倒塌，你的幸福也会垮掉。

所以，谁爱秀就让他秀去吧，你只需安安稳稳过好自己的小日子。把生活经营得有声有色才是正道，表面风光的人通常都有着不为人知的艰辛，所以，不要羡慕别人秀出来的快乐。我们的快乐也不需要秀给别人看。

给自己留一个放松身心的微空间

外面的世界很精彩，也有很多无奈。

在外边，你可以是个成功的人，运筹帷幄、智勇双全。你可以是个幸福的人，春风得意、花开正好。总之，只要你努力，你可以伪装成任何一种光鲜灿烂的人物形象。只是，在外边的世界卖力表演过后，你总要回归到自己的真实世界里，直面自己的内心。当你不快乐时，给自己留一个放松身心的微空间吧，摘掉伪快乐的面具，让你的世界更加精彩。

李薇在一家著名的5A广告公司当设计师，拿着不菲的薪水，是同学朋友羡慕的对象。然而最近，她进入了工作倦怠期，特别讨厌上班，不仅是公司复杂的人际关系，连这种过于平淡的规律的上班生活都让她感到厌烦。每到早晨要去上班时，她都觉得自己双腿变沉重了，不仅头脑昏昏胀胀，连精气神都像被抽空了。每天晚上，她都向朋友吐槽，大倒苦水。

朋友便向她建议，不如出去走走，或许心情会好一点。她觉得有道理，便向公司请了个长假，去了一个偏远的古镇，不用挤公交赶地铁，不用化妆精心搭配衣物，在这个谁都不认识她的地方，她觉得自己连呼吸都自由了。在度过了一小段开心的时光后，李薇觉得自己的正能量又都回来了，便又精神抖擞地去上班了。

如李薇一样，我们不仅会遇到工作倦怠期，人生也会有长长短短的倦怠期。在你的低谷时期，应为自己主动寻找一个“避难所”，在那里，你可以休养生息，修炼内力。当你重出江湖时，又是一条好汉。

当然，你不是富二代，也不是官二代，你或许不能毫无后顾之忧地找个地方重拾美好生活。在你疲惫不堪、烦躁地像一只随时会爆炸的气球时，你不可能跑到湖光山色里过一段卢梭似的幽居生活，你只能在现实中任由自己像一团发酵的面团渐渐干瘪下去。

其实，不必花费大量时间与金钱，你也可以享受惬意的“隐居”生活。在你小小的心脏中，给自己留一片放松身心的微空间。喜欢大山，就在心里送给自己一个云雾缭绕的小山峰吧，山上有郁郁葱葱的树木，你就当一只快乐的林中鸟。喜欢田园，就为自己修葺一个茅舍，屋前是一块秀气的菜地，你就在那里日出而作日落而息。喜欢大漠，就给自己建一个滚滚黄沙中的驿站吧，你饮马喝酒，结识各路侠客……总之，你憧憬的美好世界都可以在你的心里发芽。

当然，如果你比较重口味，喜欢破败的贫民窟或是战火连天的荒郊野外，也可以在心里为自己建立一个不那么祥和的世界。无论你是重口味还是小清新，都可以给自己留一个独自享用的私人微空间，在这个空间里，你可以尽情哭尽情笑尽情呼喊，展示你最猥琐最野兽的一面。在这个一平米都足够你奋斗一段时间、寸土寸金的年代，你也应立志当个开发商，给自己建个豪华五星级小别墅，人总要有点仅属于自己的私人空间。

在你觉得你的生活被伪快乐攻陷，被伪快乐包围时，紧紧守着你心里的战火尚未燃到的蜗居之地。在那个世界里，你不必非要装成一个快乐的人，让那些苦苦撑出来的台面上的快乐都各回各家去吧，你只需抡抡胳膊抡抡腿，晃晃脑袋晃晃脚，对让你伤心的人或事爆两句粗口，当你的身心彻底放松之后，再回到现实世界中，当个正面的光辉的人。

三分钟冷冻术，想想昔日快乐的自己

韩剧《来自星星的你》大火，温文尔雅、帅气多金的男主角让广大女影迷倾倒一片。这位非凡的外星“都教授”不仅会瞬间转移，还能让时光凝滞，停滞一分钟。别小看了这一分钟，在这一分钟里，你也可以做很多事，救一只车轮下的小狗，偷偷拭去爱人的眼泪。很多重大的转机都发生在一念之间，在很快的一瞬间，你完全可以转了心念。把悲伤丢了，把痛苦丢了，把莫名其妙冠冕堂皇的伪快乐丢了，去找回那个真正快乐的你。

网上曾十分流行一个小调查，如果给你一种超能力，你会选择什么，选项有隐身、飞檐走壁、力气变大、让时空静止等种种只有在武侠及神话中才能出现的各类江湖绝学。以前总以为隐身术是强大的，能让你迅速逃离各种难堪的尴尬的场面，其实现在才发现最有用的应该是时间冷冻术。

在你烦的焦头烂额时，给自己三分钟，让时间停止一下。你会发现桌子上不知道什么时候多了一道裂缝，你会发现绿植的叶子颤抖了一下，你会发现同事脸上多了一道细纹……空气里还集结着你的消极情绪的因子，它们扮着鬼脸，冲你狰狞地笑。

你突然想到了童年时期捉到的那只絮絮叨叨的知了；你想到了第一次跟心仪的女生告白时她脸上晕染开的红晕；你想到了家里的那个你经常嘲笑的走走停停的大挂钟；你想到了一个人追在公交车屁股后面跑啊跑还是没赶上公交的搞笑画面；你想到了下雨天，路过的车溅了行人一身的泥，而你站在楼上目睹了这一幕，却幸灾乐祸得乐不可支。

是不是突然发现你的生活中原来曾经有这么多富有喜感的画面，你与生俱来拥有一种超能力，你可以让时间冷冻住，只要你愿意。在千军万马的喧闹中，在被压得喘不过气的阴霾情绪里，让自己冷静下来，用北极和南极的冰川凝结那烦躁的心情，世间万物都为你而静止。

当然，冷冻时间不能太长，三分钟足矣，想想你的糗事乐事。当你变成一辆跑不动的破车时，三分钟的快乐足以够你补个胎加些汽油，只要你不是辆离报废不远的车，在冷冻的时间里那些微小的快乐足够让你又能往前行驶一段时间了。

这是最近流行的“人生新标准”：最聪明的人——老玩，老乐，老豁达，老幽默；最呆傻的人——老急，老气，老郁闷，老加班；最健康的人——老走，老动，老锻炼，老拥抱；最快乐的人——老说，老笑，老联系，老收到朋友的短信。

对着这些标准，你有没有找到属于你的类型？当然，你很可能是属于那种既不聪明也不呆傻，既不是很健康也不是很快乐的人。你只是街边一普普通通的路人甲，你渴望的，也只是一份简简单单的快乐与幸福。所以，你即使不是最聪明的人，不是最快乐的人，却也可以有一份实实在在的快乐。

能冷冻的是时间，冷冻不了的是快乐。做一个能勇敢放下又善于想起的人，放下伪快乐，经常想想那些真实的快乐。我只要三分钟，就能变回那个那个能量小超人。偶尔允许自己的生活走走神，允许自己做个异次元的小怪兽，在过去的那些快乐的浮光掠影里跳跃。

第二章　人生中那些所谓的“放不下”

追不到的梦，朋友的死讯，走远的任何事，尘封的是与非……这些“放不下”的事情抽丝剥茧般把你的痛楚展现得淋漓尽致。

但是，社会的诱惑太复杂，我们的欲望太富有，野心太强大，而想得到的却永远多于现实。因此，我们抱怨生活不尽人意，烦恼太多，包袱太重……

其实，生命之舟承受不了太多的东西，放下那些“放不下”，才能在有限的生命中获得最大的快乐。

忙着贴标签，丢失了原味的自己

网络的发展带来了“标签文化”的流行，红男绿女动辄自称“男屌丝”“女屌丝”。连对同一件事的不同看法及做法都成了区分“文艺青年”、“普通青年”和“2B 青年”的标准。甚至在社交网络里的自我介绍都有一堆标签供你选择，“标签文化”的泛滥，使人们逐渐丢掉了原味的自己。

本来你只是一瓶矿泉水，无色无香无味，本质纯净甘冽。可是满大街的红茶、绿茶、果汁、酸奶、能量饮料让你目不暇接，你觉得自己站在一堆花花绿绿的瓶瓶罐罐中实在太苍白了，于是也给自己贴了一张华丽丽的标签。上书：“原料天然，风味独特，营养丰富。”至于是苹果还是柠檬或是蓝莓味，你自己也不知道。

每一张标签都如同五指山上贴的封印一样，沉甸甸地压着你。你忙着把自己伪装成各种样子，因为你也想被冠上金光闪闪的大招牌。那些“大好青年”“有为青年”的金字牌及各种褒义的形容词会让你觉得瞬间有了御赐的尚方宝剑，可以对生活的阴暗杀无赦。那些看似美好的标签会使你

如同获得了金镶玉的腰带，觉得自己身价倍长。

当你被冠上那些虚无的噱头之后，你就慢慢地觉得自己就是标签对应的那个活生生的灵魂，所以拼尽全力朝着别人口中的那种敷衍的虚名贴近，不愿再被打回原形，不想再过那种平平淡淡、不被人注视的生活。

所以，你才会宁愿不惜一切代价压缩原来的自己，也要给这些虚无的标签腾出一席之地，并洋洋得意地向别人炫耀自己高尚的封号。只是你没有看到，当你一转身，别人就已经把你传递的、你十分宝贝的“封号”，丢到了对面的垃圾堆。而你，依然背负着这些毫无意义的标签，优雅地走在别人面前。

社会上，总有些人在为那些毫无意义的标签活着，他们已经习惯享受那些标签带来的满足感，害怕一旦撕下标签，就会被打回原形。即使把原始的自己封藏，做生活的傀儡，也要让自己在别人面前表现得光鲜靓丽。

何必让那些放不下的虚假名号，哄骗你的生活。是什么样的树，就应该开什么样的花。不要刻意地以为镀上厚厚的一层金色，你就是金子，别装了，你其实就是一块铁，不要用你本来就不高的智商来欺骗周围明亮的双眼。

犹如赵本山小品中的那句台词一般：“小样，你以为你穿上马甲我就

不认识你了?”明明就是一条蛇，何必装什么乌龟，背着那个重重的壳不说，还让自己行走的速度也不自觉地慢了下来。

不要再被标签式的生活左右了，把你真实的一面展现出来，只有放得下这些表面的光鲜，才能走得更远。

完美主义者的完美“女神”梦

陈麦苗快要结婚了！

她打小就是一个较真、追求完美的姑娘，小裙子上的蝴蝶结掉了一个就不愿意再穿。

为了将自己人生的一件大事办得更完美，她铆足了力气，与婚礼有关的事已成了她最近生活的全部内容。为了拍出满意的婚纱照，她换了很多套礼服，未婚夫也跟着她换了一套又一套的衣服。终于挑好了衣服要开拍了，陈麦苗不断调整自己的微笑与姿势，千辛万苦定好了姿势，摄影师刚要开拍她又突然叫停，原因是她觉得自己手的摆放姿势还不够优雅。最后摄影师干脆让她先思考一会，想好所有的pose再拍。

拍完婚纱照，未婚夫已经像刚从战场上下来一样疲惫，她却仍然以满血复活的战斗力开始筹办婚礼。她买了请柬，当快把宾客名单写完了突然觉得这种请柬不够喜庆上档次，果断又新买了一种请柬重写。司仪的讲话稿她翻来覆去地看翻来覆去地改，最终，一篇华丽大气上档次饱含感情的讲话稿终于新鲜出炉了，最让司仪抓狂的是，陈麦苗要求他必须倒背如流，主持时不准说错一个字。随着时间的推移，陈麦苗的“完美婚礼”终于落幕了，她也被折腾得够呛。

其实，生活中也有很多像陈麦苗一样的完美主义者，他们心里一直揣着一把度量尺，时刻衡量着自己的所作所为。他们时刻惦记着自己的发型，惦记着自己衣服上的小小褶子，惦记着自己的站姿坐姿。

每天早晨伊始，他们就开始纠结怎样搭配衣服；每到一个地方坐下，都习惯性地擦擦座椅；即使在家做饭时，都要数着放几颗红辣椒。他们会把所有的东西都摆放得整整齐齐，时时刻刻都绷着一根弦，完美主义已成为压在他们身上沉重的大包袱，想放下却放不下。

事实上，每个人都想把自己变成一个完美主义者，享受世间所有的赞美词。这样的人生才能万众瞩目，这样才能集万千宠爱于一身，尽情地享

受别人羡慕的眼光和饱含深情的称赞。他们总觉得，只有在别人的羡慕和称赞中，人生才能得到满足，才会觉得生活有意义。只有在“完美主义”的标签下，他们才能在人前扬眉吐气。

在当今社会压力不断增大、职场竞争不断激烈的社会现象的影响下，一些人开始刻意地提升自己的要求，对什么事情都追求完美，逐渐地逼迫自己向着“女神”或是“男神”的目标靠拢。

正是由于这种“凡事追求完美”的意识以及在人群中寻找卓越感的迫切心理，他们的内心逐渐变得焦躁、脆弱、不受控制，在这种精神的压力下，他们对自己的行为、语言、外表甚至对身边的人都进行严苛的要求，因而引发了一种完美主义者的强迫症。

强迫症是一种病态的心理疾病，长此以往，会让那些追求完美的“完美主义者”演变成一个活生生的“精神疯子”。

所以，放下你那追求完美的“女神”或是“男神”梦，不要让强迫症出现在你的生活中，给自己一个轻松、惬意的生活氛围。

欲望太多如乱沙迷眼

王高升每天都骑着自行车上下班，有时还载着他长发飘飘长裙飘飘的女朋友，小日子过得好不惬意。但是，同事都纷纷换了小轿车，他突然觉得自己骑着自行车太掉价了，不仅要在汽车尾气中穿梭，一到下雨天，还会被经过的车溅一身的泥水。每到这时，他都会愤愤地想，“得瑟什么，老子将来也会有车的。”

于是，他拼命工作，努力赚钱，终于买了一辆便宜的小 QQ 代步。一天，他带着女朋友去郊外兜风，一辆车不停地在后面按喇叭并最终超越了它。他看清了那是辆名牌跑车，车主人超车时还特地回头得意地看了他一眼。他心里憋了一肚子火，决心一定要换一辆好车。他白天上班，下了班之后的业余时间还在接私活。忙得不分昼夜，像牲口一样辛苦了一年后，他终于攒够了钱能买更好的车了。

王高升每次都能在别人的对比下，逼迫自己努力得到自己想要的东西，生活自然会变得很劳累。也许，你现在正如王高升一样，对身边的每一件事情都充满了欲望，觉得什么都想得到，什么都想占有。可是，请问，你现在拥有什么？你想要的东西都悉数的变成你的了？事实上，欲望是无止境的，那就关上你的欲望大门，不要让那些欲望一涌出来糟践你的生活。

别以为你什么都可以得到，你只是生活中的一个小喽啰，冒充不了大神。歇歇吧，不要让那些欲望如乱沙般充斥着你的生活，连它们都控制不了，怎么控制自己的人生。看到别人穿的衣服特华丽丽，总想着改天自己也买一件。在做此事之前，你有没有想过，你适不适合。吃着碗里的，看着锅里的，你以为这样会让你显得充满斗志？承认吧，其实你就是贪得无厌的“小人物”。

你想把所有美好的东西都据为己有，并大言不惭地说，你只是想把每件事情都做到最好。够了，不要再让这些虚伪把你变成周围人的“笑柄”，不要用这种冠冕堂皇的理由来掩盖你的贪婪。

你的生活被种种欲望填满，并不是因为你是一个乐于追求的有志青年，你只是想让别人对你刮目相看，想要别人看到你是一个勇于追求的人。不要忘记，你只是一个普通人，一个没权没钱又没势的普通人，这些欲望只会给你的生活带来压力。

你想着有一天能身穿阿尼玛，右手爱马仕，出入高档的办公大楼，然后一走出大门便有一辆保时捷飞快地开过来，停在你的面前，走出一个貌美的男子，帮你打开车门，你优雅地坐进去。

这样的生活确实很完美，可这些跟你又有什么关系，你只是一个简单的小市民，每天早晨都在为了能赶上公车而飞快地奔跑。你现在能做的只有做好现在手头上的工作。停止再产生欲望，你现在没有实现的能力。

你的欲望，是你人性的组成部分，是本能的反应。但是，欲望的过度释放，会造成破坏的力量。

1998 年上市的电影《欲望都市》，讲述了四个单身女人的欲望，她们之间有着坚固的友谊，并且有着各自的个性。不同的性格带领她们走向不尽相同的生活方式，她们自知自己已不再年轻，周旋在各式男人身边寻找情欲。她们不过是想在那个忙碌且充满欲望诱惑的城市里，努力寻找自己的真爱。现实让她们一次次落空，借着友谊的力量继续向着自己的理想往前走。

身陷充满欲望的都市中，你喜欢朝那种“光头，金项链”微笑着打招呼，你会收起你那彪悍的“女汉子”形象，转身换成一种“弱女子”式的招牌微笑，优雅地从他身边走过，翘首期盼他能注意到你，给你一个飞上枝头变凤凰的机会。

醒醒吧，比你优秀的人大有人在，这种“傍大款”的游戏不是你能完成的，即使侥幸嫁入豪门，富太太的角色你能 hold 住吗？你那小小的肤浅的脑袋里有多少计谋能用？你有满肚子的帷幄可以运筹吗？省省吧，你不是美貌与智慧并存的甄嬛。

静下来整理一下吧，让你那些不切实的欲望都滚得远远的，让你的目标清楚一点。

野心太大，忘了心归何处

“嘿!”

张毅叫了杨木几声，见他没反应，拿手在他面前挥了挥：“别睁着眼睛睡觉，怪吓人的。”

“滚!”杨木用脚踹张毅。自己只是说一定要成为像李嘉诚那样的首富，凭什么遭到张毅的讽刺。

杨木一直以来都想做最有钱的商人，为此，他每天天不亮就起来进货，然后跑到学校卖早点，他每天都重复着“起得比鸡早，睡得比鬼晚”的生活。即使如此，每天也就只有几百元的收入，这离李嘉诚的财富相差甚远。所以，他又找了一份兼职，这样能让他的财力在原始的基础上再增加一些。可他只是一个大四的学生，还有未完成的考试等着他，但他被成为“李嘉诚”的梦想冲昏了头脑，忘记了现在应该做的事情。

杨木到最后都没能成为像李嘉诚那样富有的商人，他像个机器人一样，每天不停地忙碌着。你是否曾经也做过这样的白日梦，想象着哪天自己开着劳斯莱斯，在宝马的后面疯狂地按着喇叭，走过去的时候，嘴里不停念叨着：“开个宝马，还好意思占道。”想象着哪天踩着十厘米的高跟鞋，掷地有声地走在大理石地板上，强大的气场秒杀周围的人，然后坐到十几万一个的真皮座椅上，接过秘书递过来的咖啡，转手扔到了垃圾桶：“跟你说过多少回，我只喝麝香。”咱能不装吗？你只是个小职员，每个月也就只有够糊口的生活费，你拿什么理由搪塞这些高端大气上档次的梦想。

你是否觉得自己特别优秀，只有这些强大的野心才能配得上你的前途。你在人前总有一种自以为是的优越感，把你的野心火力全开地对准周围的人，洋洋得意的让他们感受你的强大气场，并拍手称赞你是一个有理想有抱负的“梦想家”，以此来满足你被谎言包裹着的虚荣。这些跟你没有半毛钱关系的愿景，只是你的一厢情愿，你内心越空虚，野心就越膨胀，可是别急，总有原形毕露的那一天，到时你不要觉得无地自容就好。

你想得到别人的称赞，想让别人觉得将来的你会过得很好，于是你就撕破脸皮，把与自己相差几个光年的生活杜撰到自己的生活中去。你以为一头猪，只要鼻子里插上两根大葱，就可以冒充大象了吗？

每当遇到这样的人，你是否都会不情愿地从他们身边走过，因为他们白日梦时留下的口水，真的有让人望而却步的冲动。突然想起一句话，明明就是一只母鸡，为什么非要把自己打扮得红彤彤的，然后扯着嗓子对着天空吼两声，并忍不住下了几个蛋，就矫情的以为自己就是赵本山老师口中的“战斗鸡”。这样矫揉造作的行为，真的合适吗？

每一个来到这个世间上的人都有自己的使命，随着时间的推移和自己

的不懈努力都能达成自己的目标，做到众望所归。但是有一类人，他们总习惯把不切实际的野心夹杂在原本平静的生活中，其浩大的声势让自己的欲望掀翻了原本的生活格调，迷失了最初的自己，使自己背上了千古的骂名，行走在罪恶的边缘。

有野心固然重要。每一个功成名就的人都是一个野心家，没有野心，就没有行动的动力。因为想得到，所以督促自己不断地向上爬。但是所有的东西都有一个度的限制，超过这个度就导致生活的失衡。

野心太大的人，在窥视一种东西的时候，总是想尽办法想要得到。不管不顾自己的实力与梦想之间的差距，他们这种强大的野心催生了心底的怪兽。所以他们为了得到自己的利益，果断地在奶粉中加入了三聚氰胺，往猪的食物中加入了瘦肉精，甚至往餐桌上推送了地沟油。他们这些被巨大的野心吞噬了良心的人，恬不知耻地向世界宣称："顾客就是我们的衣食父母"。你让你的父母品尝你所种下的恶果，这样的你真是太不孝了！

不要让野心过剩输掉了你的人生，你应该做的就是及时地为野心减重，让它们刚好能承载你的梦想。放下那些无限膨大的野心，否则你会亲手把自己送上歧途。

死要面子，“五两人”非要扛“八两重”

前几天一个同事非要和老婆嚷嚷着离婚，只是因为老婆在朋友前总是不给他留面子。

在你听到这些的时候，你是否感觉火冒三丈。面子！多少钱一斤？能让你衣食无忧还是会让你升官发财？但是总有一些人会把面子看得比他的爹妈还重要，在社会上唯一追求的东西就是面子，并气宇轩昂地向身边的人展示，面子就是自己的生活保障。

中国人最看重的就是面子，认为为了面子即使是死也是值得的，所以有“宁愿站着生，不愿跪着死”的豪情壮志。但是，说实话，面子到底不等同于尊严，不等同于原则，太要面子只会拖累你前进的脚步。放不下身段只会让你自己活得很累。这些痛苦，没人可以代你承受。

钱小诺就是一个面子的陪葬品。高考结束后，钱小诺在选专业的时候，选择了酒店管理。酒店管理在当时是一门热门专业，当然，这种热门的程度只限于发达的地区，一些落后的城市的人们依然对这一新型的专业进行揣测和加工，重新赋予了它不一样的色彩。

于是，就在这些愚昧无知的人的“风言风语”中——“这是正经工作吗?”，“这个工作以后不好嫁人的”、“一个女孩子怎么学这个专业”，在父母所谓的面子的争执下，钱小诺放弃了自己学了三年的酒店管理，开始自考师范院校，开始了名不正言不顺的教师生涯。

不要在盗版的生活中勉强地坚持着自己为面子营造的虚荣。

钱小诺惊奇地发现，自从自己做了老师后，常常听到街道上的熟人或是只有一面之交的“半熟人”，向自己的母亲说，“你女儿在哪里教学”、“这个职业好啊”、“你女儿真有才华”等等。因此钱父钱母总觉得女儿给足了自己面子，他们也经常时不时地向外人炫耀自己女儿“高尚”的职业。

从此以后，钱小诺便被所谓的面子捆绑，像个木偶一样，整日做着自己不喜欢的工作，有时甚至会发现自己也感染了一种死要面子的病毒，在光天化日之下优雅地“盗窃”着别人的生活。

这样的“面子”生活，真的会让一个人心力交瘁，在盗版的生活中勉强地坚持着自己为面子营造的虚荣，苟且偷生地活在为面子打造的险恶世界里。

面子是什么？面子就是人们为满足自己的小虚荣，为了向别人更好地展示自己的一种欺骗自己的虚伪手段。“死要面子活受罪”就是对那些面子控的最佳评价，他们总觉得没有面子就像是一个人没穿衣服在大街上行走一样，遭受身边人的目光欺凌和污言秽语。

面子固然重要，但是过分地要面子，就是愚蠢地加重自己身上的担子。明明身体标明的承重能力为5公斤，你却非要扛上净重8公斤的装满麻皮口袋的名牌旅行包，摇摇晃晃地在安检门口享受着别人的惊叹。

这样的人总是扮演着老好人的角色，把别人的担子挑到自己的身上，并强装悠闲地显示自己的超凡能力。

我们在街头巷口，总能听到这种人的高谈阔论，“你这是小忙，有什么，别跟我客气，兄弟就是不缺钱。”某一个“缺心眼”的老兄在听到遥远的朋友张口借钱的消息后，毫不犹豫地发起了援助。于是接下来一个月的时间里，吃着一元四个的北方大馍，外加八角钱一袋的乌江榨菜，偷偷地开始自己窘迫的生活。这样的人，习惯了在别人的夸赞中生活，即使自己筋疲力尽，即使自己遍体鳞伤，也依然能在别人的注视下，骄傲地向前走。

当我们洋洋得意地听着周围人分享自己日益高涨的工资时，你是否因为死要面子，把自己原本微薄的工资，经过自己强大的语言加工能力，成倍地上翻。这种虚假的攀比，只能让你在人前过足瘾之后，面临着巨大的心理落差，所以，不要死要面子，五两人非要扛八两重。

放下那些跟你的能力没有任何关系的包装词，放下你的虚荣，不要让死要面子成为你生活中的拖油瓶。

不要总担心未来的事，你以为它就在附近吗

生活中总有一些天生的悲观主义者，喜欢把自己千里之外的悲伤通过时光穿梭机的传送，展现在自己的面前，并泪眼朦胧伴着哭腔说："这可怎么办?"

杨乐乐和闺蜜许一诺坐在星巴克里喝咖啡。

杨乐乐一脸愁容，喝一口咖啡叹一口气，许一诺耳朵都被杨乐乐叹出茧子了。

"喂，我说大小姐，你这都是要出国读书的人了，要高飞了，要去看大世界了，可不可以不要这么矫情，给我们这平民百姓留点出路啊?"

杨乐乐又叹了一口气："唉，你以为我真开心啊，我现在都快愁死了。你看看，我们大学同学毕业结婚的结婚，工作的工作，哪像我现在还要出

国读书。”

许一诺白了杨乐乐一眼：“好了，你就是作吧。多少人还羡慕你呢，学业畅无阻，事业一片光明。”

听到这杨乐乐并不开心，反而更郁闷了：“是吗，等到毕业我可就28岁了，就是剩女一枚，不年轻不漂亮了，哪还有人要我。到那时候，还要和一群青春逼人的大学生抢工作，事业没有，爱情没有，人生还是一片空白，我这拼死拼活是图什么呀！”

现实生活中，的确有很多像杨乐乐一样的悲观主义者，他们每天皱着眉头，闷闷不乐，不是因为他们的生活多么的不如意，而是因为他们总会担心未来一些不确定的事情，培养了自己忧郁的细胞。

他们一直都活在明天的忧虑中，为明天的高温感叹，担心明天的太阳会灼伤自己细嫩的皮肤，担心明天的工作会超过自己的预期，担心明天的自己不会像今天一样出色。这样的担心，纯属是一种子虚乌有的找茬模式，是被现实的生活惯得找不着北的病态。

当别人夸赞你的美貌时，你看到的是几十年之后的容颜苍老的“豆腐渣”；当别人夸赞你婚姻幸福，你看到的是因为财产纠葛，夫妻俩对簿公堂；当别人夸你事业有成时，你看到的是失业后的落寂……总之，你就像个幽怨的小媳妇，一个豪门怨妇一样，时刻担心着遥远的未来。

你认为未来的事情迟早会发生，现在为它买单就是提前做好准备，属于一种积极向上的人生规划。其实，担心并不是属于人生规划的一种，它是一种情绪，是一种会影响人的心情的负面情绪，它不会因为你的提前预支而减少分毫，而你现在的过早担心，只会徒增你的悲伤，除此之外，一无是处。

你所担心的未来，是一种时间的延伸，跟过去没有关系，跟现在不相径庭，它只会出现在未来，在时间的背后，所以，你现在所有的担心都是一种无病呻吟，只会徒增你的烦恼，除此之外，没有任何的价值。

放不下担心，你就无法享受现在的美好，一辈子沉浸在悲观的世界中。放不下自己的担心，戴上墨镜看待未来即将发生的一切，只会让自己越活越沧桑，越过越疲惫。

今朝有酒今朝醉，人活着不容易，不要总担心未来的事情，它们离你很远。想想看，联合国都向慰安妇道歉了，你还在这里伤春悲秋地感叹未来的事。

固执己见，苹果非要吃红的吗

现在的人真的是难伺候，他们发扬着“说一不二“的精神，并美其名曰“执着”。可是固执和执着虽说只有一字之差，但实际意义却是差之千里。在这些人的眼里，苹果就应该吃红的，那些青苹果必定给自己带来身体上的伤害。

生活中有一些人，你跟他在一起讨论问题的时候，他总是能理直气壮地剥夺你发表不同意见的权利，并果断地告诉你，“什么都不要说，听我的没错。”他们总觉得自己所说的话就是真理，自己做的每一个决定都应该得到更多人的喝彩而不是指责，即使有任何的疑问和不理解也是你自己的问题。

也有一些人，他们对任何人的劝阻都不予理会，始终坚持自己是正确的，是毋庸质疑的，别人所有的忠言他们都当作耳旁风，大有一种“不撞南墙不回头”的精神。他们想到什么就做什么，想怎么做就怎么做，不会顾及别人的感受，不会轻易地改变自己。

但是这样的人，理所当然会遭到别人的冷落，因为没人愿意和一个倔强的人做朋友，在他们身边扮演着一个聆听着的角色。他们甚至会插手别人的生活，并强烈要求别人按照他们的意见行事。所以，这种人常常在想出去喝一杯的时候，找不到可以一起一醉方休的对象。为此他们经常会因为自己的被冷落而悲伤。

雷老被送进了养老院，虽然他有三个女儿一个儿子，并且他的子女们对他孝顺有加。他是一个老兵，打过鬼子，挨过枪子，战争胜利后又被举荐为市委书记一职，即使在退休后他也固执地认为，所有人都要听从自己的指挥，对儿女们的生活指手画脚，动不动就摆出一副老领导的做派，趾高气昂地发扬自己的领导作风。

有一次，雷老在逛街的时候碰到一位长相淳朴的人推销磁疗垫，在别人苦口婆心的推销中，他毅然决然地发动自己全家加入磁疗垫的购买活动。在家里人说他上当受骗的时候，雷老愤然起身，面红耳赤地说："你们凭什么管我！"说完转身离去，并在关门之前冲客厅大声嚷嚷着："注意你们的身份！"

这次，一世英名的雷老最终被传销人员成功地骗走三万多元。但是雷老仍然不知悔改，一口咬定是为社会做贡献了。

雷老在任何朋友的面前，都扮演一种"太上皇"的角色，对什么事情都要横插一杠子，把每个家庭都搞得乌烟瘴气。孩子们迫于无奈，不得不把他送到养老院生活。

生活中存在很多的"雷老"，他们总觉得自己的话语就是权威，谁也没有资格怀疑他们，即使错了，他们也能理直气壮地把责任推到别人的身

上，永远都挺着一副“独裁”的腰板，在与别人的沟通与交流中扮演着“集大成者”的身份。

他们从来都不认为自己的做法是固执的表现，甚至会骄傲地称自己是个“有主见的人”。和这样的人在一起，你就感觉自己像是公司中最底层的员工，而他们是公司的最高统治者，这种压抑的气氛会让你感觉呼吸急促，内心烦躁，会让你不自觉地想要逃离。而他们也有会被这种“一个人的狂欢”和“孤家寡人”的生活模式所困扰，孤独、烦闷、愁苦这些“负能量”会把他们所有的快乐都收起来，让他们整日陷入孤独、困惑的境地。

如果你是“固执病毒”的携带者，你会愤怒地以为所有的人都在与你作对。其实，你的不快是你自掘坟墓的恶果，但是，这个世界并不是你一个人的，谁离开你都能活得很好，为什么非要把自己的固执在别人的面前展现得淋漓尽致。

你需要学会尊重，这是社会上的每个人都要学习的沟通本领。凡事多听听别人的意见，多设身处地为别人想一想，这样你才能不被“固执病毒”所掌握，你才能拥有美丽的人生。

放开你那“固执己见，苹果非要吃红的”念头，你会发现，生活少份纷争会更简单快乐。

沉浸在“闲杂人等”的闲言碎语里

“别挤了，前面有人要下车了。”

闫青青听到司机师傅的话，顺势朝门口挪了挪，刚打开车门，就听到后面传来一个夹杂着乡音的市井大叔的声音：“好了，这下宽敞了，她一个人占了几个人的位，应该多买几张票吧！”

闫青青听到这个中年大叔的调侃之后，顿时觉得头皮发麻，热血沸腾，她迅速地挽起袖子，快速地下车，往家跑去。一路上，她边跑边流眼泪，总觉得这个世界的人都在羞辱她的肥胖，那些闲杂人等的闲言碎语更像无孔不入的毒气，时刻威胁着她的耳膜和心灵。

多年来，她几乎被这一身肥肉折腾得不敢出门，“胖子”、“肥仔”等一系列的词像一个个暴晒在烈日下的口香糖一样，紧紧地粘在她的鞋底。

她的朋友也都不喜欢和她一起出门逛街，因为他们觉得她会让自己变得很丢人。

身边朋友的故意避嫌，闲杂人等的闲言碎语，这些都成了闫青青难以放下的心结。她变得越来越不爱出门，越来越自闭。

其实，我们没有必要在意那些“长舌妇”的闲言碎语，嘴长在他们身上，我们不可能随手捡起一张特大号的创可贴贴到他们的嘴上，因此不要为此影响自己的心情。你大可以堵上耳朵，或是抱着“走自己的路，让别人去说吧”的心态，这样你才能在别人的闲言碎语中，依然能发扬“顶风傲雪”的梅花精神。

话说回来了，那些容易沉浸在闲杂人等的闲言碎语里的人，只是道行不够。你看人家被羞辱得几乎体无完肤的演艺圈的明星们，那些被各种“门”牵涉到的名人们，他们是怎么迎风而上、披荆斩棘的。

其实，要抵挡这些闲杂人等的闲言碎语，最好的办法就是强大自己的内心世界。强大的内心就像为自己安了一层钢化玻璃，在面对流言蜚语的时候，不至于委屈得像个小媳妇一样，抱着朋友的肩膀用眼泪发泄自己的悲哀。他们的强大的内心会告诉自己，不要紧握着别人的评价不放，他们要在流言蜚语中骄傲地抬起头，用自己的实际行动让所有的流言不攻自破。

这个道理就像是你被狗咬了一口，难道你还要起身再咬狗一口吗？人生本来就是一个大染缸，我们能做的就是在这个泼墨的世界里，保持自己的光鲜亮丽。在这个人人言论自由的社会，太关注别人对自己的评价，反而是一种不够明智的表现。

世界在发展，人们的语言表达能力在不断地提升，就某些人而言，他们每天的主要乐趣就是随便逮着几个路上的甲乙丙丁，然后对他们的言行、身体和长相等进行自由发挥。当别人的言语让你感觉不舒服的时候，不要生气，不要用别人的错误惩罚自己。

为别人的错误买单，在纵容别人的同时，也加大了自己的损失，这种得不偿失对待流言蜚语的方式，是不值得提倡的。而你因为这些流言蜚语而深感不安和难过，也是你的懦弱，是应该被赏赐“一丈红”的。

每当我们面对这些闲言碎语的时候，要学会无视它。身正不怕影子斜，他们爱谁谁，过自己的生活，让那些无聊的人们说去吧。如果他们说的是事实，你就更不应该难过，因为他们的语言攻击让你认识到自己的不足，你应该感谢他们帮助你找到自己的缺点，提点自己不至于在错误的路上继续走下去。

当你打开生存模式，在人的世界里穿行的时候，难免会被路边飞出的石子砸到，躺着中枪的都是一些无辜的路人，而真正的凶手却逍遥法外。所以，要想在人的世界中依然保持着生命体征完好的状态，应该收拾好自己的心态，找准生活的重点，即使迎面飞来的是狂风大浪也要勇敢地面对。自信是保证一切都能正常进行的前提，拿得起放得下才是人生的真谛。

要想出人头地，就不要沉浸在别人的闲言碎语里，难道别人的口水就那么的值得你留恋吗？

一板一眼，只会画直线

现在流行创意，每个人都绞尽脑汁地想让自己与众不同，并在与众不同中获得新的发现。时代在发展，没有人希望自己的身边站着一位只会照葫芦画瓢的书呆子，所以一板一眼，只会画直线的人将会在这个以创新为主题的社会中，受到社会的冷落。

当全世界都刮起了一场创新的浪潮，而你仍然在拿着书本，按照书上的内容提示，一板一眼的把那些文字说明运用到你的工作中去，那么你们的老板为何非要花大笔的工资让你来坐这个位子，对于他们来说，你就是条随随便便就可以被炒掉的鱿鱼。这样的人是文学界的“书呆子”，是现代版的“机械人”，他们无论游走在任何领域都扮演着可以被任何人取代的角色。

郑直是个原则性极强的人，不过，他过强的原则性却让别人受不了。

郑直为人处事一板一眼，不会绕弯。

就拿喝酒这件事情来说，郑直滴酒不沾。一次同老板去谈业务，客户让郑直喝酒，郑直声声拒绝，闹得有些尴尬，还是善于交际的老板上前打圆场才没把业务泡汤。因此郑直最终被撤了业务经理的职位。他为此苦恼了许久。

而在生活中，郑直同样是个只会走直线的人。

在和朋友相处时，是他的错，他会认错。不是他的错，对方不道歉，那就是老死不相往来的节奏。

家里的沙发、桌椅永远都是灰色的，就连窗帘也是暗色系。朋友来他家告诉他，这样的暗色调容易影响人的情绪，可以换个亮色的窗帘，放一束花在客厅，这样才有家的感觉。可是，郑直当即就说：“我只要这个颜色。”

相信我们的生活中也有郑直这样的人，做事一板一眼，从来只会画直线，也永远只顺着自己画的这条直线走。

可是，当你依然机械地宣读那些早已经被世俗淘汰的约定成俗的道理时，别人已经掠过你的年龄，穿越你的思维，活生生地把你定义成一个死板的“穿越者”，你不具备现代人的思维方式，不知变通。

你是否还以为苹果只是种食物，它如今已经越过水果的分界线，飞上高端产品的枝头，变成了一只高端的“机”了。在这个连“干爹”都变了味的年代，你还指望嗲嗲的声音能博得更多人的好感吗？女汉子的横空出世，已经打破了“女人如水”的固定思维，重新带领着这个世界的人进行一场思想风暴的大变革。

在这个多姿多彩的世界混，要把自己打扮成一个功能齐全的现代人。

以前的米饭只有一种白米饭的用处，而现在早已打破了它大白米饭的清白，对其进行煎炒炸，有了盖浇饭、蛋炒饭、煲仔饭等。人们对大白米饭的再加工，充分展示了它在主食行业的新形象。

人们现在正在上演着一种“no zuo no die”的生活方式，一板一眼的直线生活已经适应不了现代人的需求，所以，你应该跟随大部队的脚步，放下你的死板，调整你的思维，加入“zuo”的行列。

为“昨天”买单付小费

看过赵本山的小品《昨天、今天、明天》，有人会说这就是一个简单的时间概念，但是偏偏有一种人，对这种时间概念无法区分。

王小五就是这样一个人。他把自己沉浸在过去的事情中，心心念念地想着昨天的美好和悲伤。

王小五可以算得上一个美男子，可他却一直沉浸在前女友劈腿的事件中无法自拔，觉得自己在感情上就是一个“loser”，并借此向身边的人矫情地宣称，自己已经心死，不想再谈论感情的问题。

前几天，好朋友约王小五去喝酒。其实说是喝酒，只不过想给小五介绍个女朋友，让他早日脱离单身的生活。但是小五却不接受，并在跟女生见面的时候说：“对不起，我心已死。”对于这种只把注意力留在过去的矫情主义者，有哪个女孩愿意飞蛾扑火，在他身边扮演着被冷落的角色？

现实生活中，有不少像王小五这样“作”的人，他们总把自己的精力放在过去，遗忘了现在，也忽略了将来。

咱们能不作吗？老把自己定格在过去有意思吗？你见过哪个成天把过去攥在手里，借此感叹生活的人能有所成就？生活是一步一步走出来的，成绩是一点一点地积攒出来的。而你总把精力放在过去，倒退着生活，那么你只能越过越矮，越走越穷，永远也甭想达到“高富帅”的境界，“矮矬穷”将会一直总结性地占据你的生活。

生活就是一段不断向前行走的过程，人往高处走，水往低处流，放不开过去的辉煌和不如意，你就不配得到未来美好的生活。

机遇是给那些有远见的人准备的，他们总能在眼前和未来中寻找自己一飞冲天的机会，而你，只会在对过去的感叹和悲哀中，把机遇扔在后脑勺。其实只要你转过头，看看现实，你就能发现机遇的踪影，但是你依然固执地看着过去，只肯为过去买单。过去便如一个贪图便宜的小人，一直抓住你的衣襟不放，你们就在这种依依不舍的情怀中，上演着类似情侣分手的戏码。

放不开过去就会被过去所累，真正放得下过去的人才能走得更长远。

谁没有过辉煌的时候，谁没有过不敢直视的过去？真正有能耐的人，能勇敢地面对过去的不堪，并跟别人分享心得，而不像有些人，当有人揭自己的伤疤，就像是被踩着尾巴的老虎一样，跳起来就向着揭短的人扑去，口中呢喃着：“让你怀旧！”

清醒清醒吧，不要再拉着过去的尾巴不放手了！你无法通过过去赢得自己的未来，即使是卫星定位也无法帮你查找你现在的处境，因为你虽然身在现在，但是却把思维留在了过去，无法做到身形合一。继续下去，只会让你精神破裂，一事无成。

当你觉得生活被过去吸引，被过去包围，所有的思想都沉浸在过去，无法带到现实生活中来的时候，你就应该动用强大的心理将自己的灵魂解冻，告诫自己，一切都已经过去，昨天都已经成为回忆。摆上一桌酒席，把过去招呼过来，好好地与过去道个别，从此之后，你仍然是你，过去已经成为一种远去的记忆。

不要让昨天再来调戏你现在的生活，与过去做个了断，把昨天的辉煌和堕落都就着时光喝下。

第三章　职场压力山大
——拿掉过重的自我要求砝码

一些人，除了吃饭睡觉之外，满脑子都是工作，他们对自己要求很高，不允许自己出一点小差错，像个小陀螺一样，时刻保持着工作的状态。这种过重的自我要求砝码，让他们感觉神经紧绷。

拿掉那些过重的自我要求砝码，不要打肿脸充胖子，继续辛苦地扮演着职场小超人的角色，这样你会发现，工作也可以很轻松快乐。

再见，工作狂！

“小梅，我们是出来吃饭的，你拿它过来干嘛?”朋友小李在看到小梅旁边的报表时，激动地大叫起来，“现在是下班时间，你能不能不要抱着你那一大堆的数字标榜你是一个有工作的人!”

“我怕你又迟到，所以想等你的时候顺便看看报表。”小梅扶了扶挂在鼻梁上的眼镜说。

小梅是一个货真价实的工作狂，她经常出现一个月工作 30 天，一天工作 10 个小时以上的情况。最终，她在连续 40 天开启疯狂的工作模式后，不幸中招，感冒、发烧、头痛了好几天。但是这个工作中的奇葩仍然没有休假，继续夹着她那四百多度的眼镜，在各种数据、各种报表中寻找着工作带来的满足感。

这样的人会让你不自觉地想到过劳死，想到那些整天在公司把头埋在工作中，下班后依然把工作带回家的工作上的疯子。面对这种工作上的疯子，你是否表示担心。担心他们不会照顾自己的身体，最终会因为工作的劳累而把自己送上医生的手中。

毫无疑问，“工作狂”也是一种病，得治。

其实，现实生活中有些人因为长时间处在工作的状态中，大脑一直不停地运转，最终导致猝死。这样的死亡方式，会得到别人的表扬，并颁给他一张“因工殉职”的奖章，也有一些人对这样的方式表示很不理解。当别人问起，那个人是怎么死的，你是否会脱口而出：“累死的！”这三个字听起来似乎不那么文雅，但这句话却道出了事实，亦是惋惜或是不解。

工作也是需要养分的，当我们的大脑高速旋转时，必定会消耗大脑中的一种酶，而这种酶的合成需要的是葡萄糖和蛋白质，这些都是我们身体中的营养元素。一旦这些营养元素被工作榨干，就会出现生命的枯萎。

有一天，你发现你精神萎缩，找不到状态，当每天都无法把大脑真正的带到你的生活中去的时候，你就应该意识到，你需要休息了。你不是一个“职场机器人”，你的肉体也不会允许你犯这种思维混乱的错误。所以，一旦你把自己当成“职场机器人”在工作中无限使用的时候，你的身体机能便会向你发出警告的信号，如果你继续无视这些信号，它们就会以罢工的方式勒令你停止对身体的摧残，并让你体会痛苦的滋味。

职场人士，最重要的就是调整自己，提高工作效率或者减少一些工作量，使你能在该休息的时候休息，该工作的时候才能完全把精力放到工作上。

工作砝码的超重负荷会让你心力交瘁，患上工作焦虑症。你对工作的需要程度就像是吸毒人员对毒品的需求，他们通过毒品让自己欲仙欲死，而你，通过工作让自己累个半死。

所以，不要让堆积如山的工作加重你身体的负荷。工作要有规律，一个企业不可能少了你就不能正常的运转，不要过分地把自己当回事。为什么别人可以在周末的时候约上几个朋友享受愉快的午后阳光，而你依然趴在电脑前和工作约会。

你是否在工作的时候感到后颈传来的一阵阵的酸楚感，像好多小蚂蚁在吞噬你的肌肉一样。你不自觉地揉了揉自己的太阳穴，拿起身边的眼药水，仰头为眼睛输送养分，并自豪地以为这就是上班族应该有的场景。这个时候正是身体对你提出的抗议，你应该考虑抽出点时间光顾那张被你遗忘了半年的健身卡，让你的身体放一次假。不要总以为工作是你的生命，如果身体垮了，谁还会需要你工作。

所以，下班的时候你应该脱下你的职业装，换上运动服，把工作关在办公室，然后走出公司，回归到正常的生活中，到路边的大排档享受平凡生活的趣味。

再见，工作狂！不要让这种“病”威胁你的健康，不要让“被作累死的”成为你人生的总结。

把工作当成快乐的体验

你是否出现了这样一种状态：每天早上愉快地睁开眼睛，想到即将开始的工作后，耷拉着脑袋，一步一个“不想”地来到公司，坐在办公桌前，焦灼地开始新一天的工作，然后数着时间等待着下班的来临。

相信职场中有很多这样消极怠工的“工作者”，他们把工作当成束缚自己身体的绑架犯，面对工作的时候总是摆着一副刚吃过奇苦无比的中药的表情。在他们的思维中，工作就是痛苦的载体。

“起床了！又可以吃到自己心爱的蟹黄小笼包了。”张颖活力四射地掀开被子，刷牙、洗脸。一切准备就绪之后，张颖直奔为自己每天早晨提供起床动力的包子铺，在迅速地解决一笼蟹黄小笼包之后，张颖立马觉得自己像是打了鸡血的圣斗士一样，全身上下战斗指数爆棚。

但是，当她想到接下来持续 8 个小时的工作时，像是被别人偷偷拔了气芯的汽车轮胎，迅速地垮了下来。然后耷拉着脑袋，一步一个“姐不想上班，姐不要上班”的念头，心情沮丧、纠结，挂着满脸的不高兴向公司缓慢地移动。在张颖的眼里，工作是一种毒药，会让自己身体疲惫，目光涣散，记忆力下降，甚至会提前进入更年期状态。

现实生活中有很多的“张颖”，他们把工作当成是一种不得不做的痛苦的事情，以为工作的主要目的就是老板通过不人道的方式榨取自己身上的剩余价值。即使事实真的如此，你有没有想过，你能回避工作吗？你是否还记得找工作时的艰辛，是否能想象失业后的痛苦？既然无法回避，如果你还要带着痛苦的心情去工作的话，只会让你的痛苦更加的无药可救。

所以为了避免你的工作态度提前把你送入更年期，你应该转变对工作的态度，把工作当成是一件快乐的事情来做。那么，你就会被这种快乐的情绪感染，告别那张苦瓜脸，让周围的人都感受到你身上散发的阳光般的魅力，进而提升你的工作质量。

为什么当你吃蟹黄小笼包的时候会觉得“生活如此美好”，而当你想到工作的时候却觉得“暴躁”？同在一天之内会有这样突变的反差，是因为你的心理作用。

当你在想着与工作无关的事情的时候，总能花开灼灼地面对人生，见谁都是一副好脸，看到每一个人都点头微微笑，俨然一副“一团和气”的面孔。当你和朋友在一起笑得花枝乱颤、聊八卦、侃大山，乐得合不拢嘴的时候，突然想到明天还要上班的“噩耗”，你像个变色龙一样，在秒秒钟就收起你的朗朗笑声。

每天工作的时候你都是双目无神、眼睛空洞，伏在电脑前面应付地敲动着键盘，不管效率，不管工作质量。那么，你又哪来的勇气抱怨领导不重用你？当你笑脸相迎地跟别人讲话的时候，别人只是用冷冰冰的眼神回应你的热情，你们又怎能继续愉快地相处？

所以，要想让工作为你带来更多的价值，满足你钱包上或是权利上的需求，你应该快乐地对待工作，把工作当成一种快乐的体验。

作为一个工作者，你需要从工作中寻找快乐。我们生而为人，没必要把自己折磨得愁眉苦脸，未老先衰，在不可能改变工作的前提下，试着调整自己的心态，以积极的心态对待工作。它毕竟是我们生活中的一部分，无论我们如何的不情愿，如何的厌恶工作，都无法摆脱它，只会让自己的痛苦雪上加霜。

你现在之所以把工作当成是一种痛苦的经历是因为你还没投入到工作中去，工作在你看来就和小时候被硬塞到校车里去学校听枯燥无味限制个人自由的课一样。可是，因为父母，因为社会规则，你必须去做不喜欢的事情。上学时痛苦了十几年，工作痛苦了几十年，这样的人生是翻来覆去地都在“炒”着痛苦。

其实，工作并不是你生活中的敌人，你没有必要整天摆出一副“苦大仇深”的脸，让工作的不快爬满你的身体，占据你的神经。你应该告诉自己，工作的劳累是因为要带给自己更好的生活，老板的苛刻是为了把自己变得更好，每天像个被安装了定时程序的玩具一样，是因为工作能充实自己的生活，为自己带来成就感并满足生活的基本需求。所以从这些方面而言，工作是我们生活中的贵人，这样我们就能与“贵人”和平相处，并且心情愉快。

把工作当成快乐的体验，你会发现，生活很美好，工作也快乐！

做好你的事，不要被外在的诱惑所控制

“今晚有联谊哦，去不去？”

当朋友告诉你这一消息的时候，你眼放挑花，笑靥如花地一口答应：“去，能不去吗？”然后你在通宵的“畅游”人生之后，第二天心情郁闷地来到公司，面对着未完成的工作，唉声叹气，心里直骂自己没定力。

有些人明明为工作已经焦头烂额，恨不得把一秒钟都掰成三半用，加班加点地工作，只求在下班前能顺利地完成任务，回家美美地睡上一觉。却被不经意间听到同事讨论的明星八卦或是生活趣事所吸引，迅速地转过身来，加入“说三道四”、“侃侃而谈”的八卦阵容，并在“东家长，西家短”的点“赞”和评论中，让自己的工作时间慢慢地溜走。等自己回过神来的时候，看到自己繁重的工作量，焦虑的情绪不断地猛增。

这些人他们总是抱怨时间不够用，抱怨自己的工作任务太重，时间太紧迫，渐渐地对工作衍生出一种厌恶的情绪。他们在工作的时候，总会分散出一些精力，留意一些自己感兴趣的事情，然后在诱惑不断地加深的时候，自己便果断地丢开工作，被诱惑带领着到另一个领域寻找快乐。

他们利用原本应该工作的时间，在另一个领域中欢快的蹦跶着，不管不顾时间的不等人。等到繁华落尽，兴味索然，他又开启焦躁的模式，对着被自己的“没定力”积压下来的工作，疯狂地吐槽。

田晓书就是这样一种时常把自己置于焦躁工作状态的人，他常常在工作的时候，被朋友的一个电话叫出去喝酒，或是看到别人谈论某个自己喜欢或讨厌的明星八卦的时候，迅速地挤进去，和别人眉飞色舞地讨论起来。因为他的不经诱惑，所以他经常在即将下班或是任务即将结束的时候，按下表情转换键，黑着一张脸，开启自己的疯狂模式，甚至连上个厕所的时间都不敢浪费。

有一次，一项任务要的很急，他拍着胸脯跟老板保证“包在我身上”。田晓书算是公司中的骨干力量，做事情的效率比一般人都要高，所以田晓书接的这项任务完全在他的能力范围之内。

田晓书接到任务之后，很快便像个鸵鸟一样，埋头到自己的工作之中。但是当同事在一起讨论一周之后的国庆节去哪旅游的时候，原本导游出身的他，迫不及待地起身，加入到他们的讨论中，毫不谦虚地显摆他原来的导游身份。

当他滔滔不绝地显摆了自己的见多识广之后，回到自己的座位上，看到溜走的时间，不禁捶胸顿足懊恼时间的流逝，接下来的时间里，他被时间追赶得焦虑不安。

其实，生活中好多的“拖延症”患者，都是像田晓书一样，工作的时候，和同事互相发 MSN，发泄对公司制度的不满，和朋友侃侃大山，聊聊矫情的人生，或是在上班的时间躲在自己的格子间，和网友玩两局斗地主。等到回过神来，面对着时间的紧迫，他却又愁眉苦脸地抱怨工作压力大、任务重。

工作的时候就应该把所有的事情都放在一边，不要被那些世俗的诱惑所左右，等到自己的身心和欲望获得满足之后，又在工作中玩起了和时间赛跑的游戏，并在自己的筋疲力尽时，摆出一副苦瓜脸，向工作展示你的“不爽”。

不要被那些诱惑所控制，工作的时候好好地工作，时刻提醒自己，作为一个职场圣斗士，不应该像个无法自控的孩子一样，看到别人做什么都想去凑个热闹。培养自己的时间观念和对工作的责任心，这样你才能愉快地工作，愉快地玩耍。

工作中时，让那些诱惑都滚得远远的，这样你会发现工作也是如此的轻松、快乐。

偶尔做个“傻瓜”，工作多一点轻松

谁都不愿意被当成一个“傻瓜”，每一个人都希望凭借自己的智商和生活中的小聪明让别人把自己贴上“精明人”的标签。如此，他们就在享受着别人盛赞的同时，优雅地吹个小曲，并义正言辞地揽下老板托付的“重任”。

周晓涵就是这样的一个角色。当公司流传一种测智商的游戏时，她竟然以满分152的优势夺得设计部“最聪明的女人”的称号。她时不时地向别人展露自己的智商，对每一件别人力所不能及的事情都开玩笑地说：“让我152的智商帮你解决。”后来，企业上下都改掉了对她的称呼，都管她叫“152”。

但是荣誉伴随的同时也同样带来了压力。后来，领导接了一个比较难缠的客户，并把这个企业上下都没信心接手的任务，交到了周晓涵的手中。被游戏中的152冲晕了头脑的周晓涵斩钉截铁地接了这个任务，并自以为是地缩短了任务的完成时间，但她并没有意识到自己是在搬石头砸自己的脚，信心爆棚地享受着领导的“重视”。

当周晓涵顶着自己设计的包袱，在规定的时间内，顶着两个黑眼圈强打精神地把自己的设计成果交到领导的手上时，却遭到领导的训斥，因为她的设计完全不符合客户的要求，而且相差甚远。

“当初把这份工作交给你做的时候，也是觉得你是设计部最聪明的，所以才放心把它交给你，并且你也承诺会做到让我满意，而现在呢？你有带着脑子做设计吗？太让我失望了！”领导把设计样稿重新丢给周晓涵，“在最快的时间内改好，然后给我。”

周晓涵顿时感到压力山大，毕竟这个设计的要求已经超过了自己的水平，身边的同事也纷纷感叹，周晓涵接的是烫手的山芋。周晓涵瞬间觉得自己的头顶已经长满了稻草，压力感也随着设计的难度不断地暴涨，工作也变得忙碌起来，甚至还会加班到深夜。

像周晓涵这样，是典型的自恋的后果，最后被所谓的“高智商”拖累。有时候在生活中装下傻，卖下萌，虽然在别人的眼中会使你的智商等级迅速地下滑，但是伴随着你承受的压力也会逐渐减少。

即使你真的比别人聪明那么一点点，你也没必要整天拿着自己的小聪明在公司中上蹿下跳。这样显摆智商的举动，实际上就是告诉自己的领导：“有难题冲我来，我智商高着呢！”一旦领导把高难度的工作都压到你的肩头的时候，你就会感觉到呼吸不畅，就连睡梦中都会想着工作的事情。

因为炫耀智商而带来的压力，会牺牲你和朋友吃烧烤喝啤酒的时间，有时甚至会果断地把你休息的时间也瓜分一部分。从此你将离不开黑眼圈，离不开“我好累啊”的感叹，还会让你对工作失去兴趣。

在你感觉工作压力大的时候，感觉身体需要放松的时候，不妨做一个“傻瓜”，抱怨一下自己的神经衰弱，然后在老板同情的目光中获得“减刑”。从压力山大的五行山下爬出，晃晃脖子，揉揉腿，然后大展拳脚地在轻松地工作环境中混迹一圈之后，抖擞精神，满血复活地重新加入战斗。这样既保证了你对工作的热情，也会在轻松的工作氛围中，让你走得更远。

所以，如果不想在高压力的环境中被打击工作的信心，你就要学会适时放下自己的精明，偶尔在工作中装一下“傻”，让你表面上的弱智为你拦下一些压力，让你的职业生涯走得轻松一些。

不做职场“老好人”

“职场老好人”特别明显的特点就是，他们不分任何时候、任何场合，总是面带微微笑，唯唯诺诺地接受别人的任何安排，经常做一些不属于自己的工作，并且乐此不疲，对谁都是一副“有事您吩咐”的表情。但是这样的人在“老好人”的标签下，总是让自己陷入深度的焦虑之中。

如果你是一个很好“使唤”的同事，他们经常就会利用你的“好使唤”指使你做这做那，你的存在帮助他们减轻了很多的负担。你半推半就地把所有的担子都自己扛，打肿脸充胖子般地把自己本来就吃力的工作变得更加压力山大。那些大爷般的同事们还没人性地把你当作他们工作失误的“牺牲品”，让你在领导面前低着头不停地弯腰认错。这样的你又怎能愉快的工作？

刚到公司的时候，你总是小心谨慎，秉着一种“先到先得”的腐朽思想，以为公司中那些比自己资格长的“元老”都应该像个大爷伺候着，所以，你刚到公司的时候，就成了公司中的毫无底线的“活雷锋”。

每逢节假日值班，只要谁启齿，你都义无反顾地帮忙，为此不知靡费了多少自由的时光。平常上班，你总是早早地就到了，收拾台面，清理办公室，只要谁说一句，“今天没吃早餐，好饿啊”。你就赶紧拿出上班之前准备的牛奶和面包，塞到他的手上。烈日炎炎的午后，你发扬自己晒不死的小强的精神，跑到大马路对面为同事买冰镇可乐。

你成为职场中的“老好人”，受苦的却是自己。

这样的生活逐渐让你感到焦虑，你觉得自己的工作就是每天和拖把抹布战斗，同时别人也都把你的热心当作理所应当，你逐渐地在这种职场生活中觉得失去了人生的真正意义，焦虑、烦恼、纠结等负面情绪，逐渐把你的快乐驱散。

明晓亮是一家大公司财务部的一名小职员，他在这家公司工作已经三年了，但是比他晚来了一年的人都已经是他的上司，这对于他来说是一个不小的打击，但他从没有想过跟自己的老板诉说自己的不满。多年以来，他一直勤勤恳恳地工作，对谁都露出他天生的小虎牙，无论大会小会，总是很少听到他的发言，他总是认为沉默是金。并且，他经常把别人的请求置于自己的需求之上。

“晓亮，我今天有点事，你能帮我把这份报告打印一下吗?”同事A问。

“可以!”

“晓亮，我今天要和我女朋友看电影，你帮我把这些账单核对一下吧?”

“没问题!”

……

晓亮经常答应同事的这种请求，他的人生字典中，就没有“NO”这个单词，对于别人的请求，不管自己的能力如何，时间宽不宽裕，都会露出自己的虎牙说：“YES!”

我们身边肯定有不少像明晓亮这样的老好人，我们经常在遇到麻烦的时候，请他帮忙，而他也从来不会拒绝。

许多职场新人都有类似明晓亮类似的经历和苦衷，不分场合地对人微笑，让别人觉得你好欺负；对同事有求必应，让他们理所当然地把你当作值班专业户和挡箭牌；公司里你经常操练扫把和拖把，一朝一夕，大家都把你当成兼职的清洁工，他们安然地享受你为他们带来的福利，却丝毫不惦念你的好。随着工作压力的逐渐增大，你开始拒绝别人的“吩咐”，别人又说你“耍大牌”。就这样，你被逼入两难的境地，无论进退，都要承受着巨大的心理压力，整日闷闷不乐。

说到底，职场“老好人”就是一件吃力不讨好的苦差事。所以，我们要远离“职场老好症”的困扰，调整心态，认清自己，知道自己应该干什么；其次就是要有原则，有底线，明确地知道什么该帮，什么不该帮；还有就是放下面子，学会拒绝，对别人不恰当的要求勇敢地说“不”。这样你会发现工作很轻松快乐。

工作中分清“轻重缓急”

工作中做事情的先后顺序，不像我们在吃涮火锅的时候，是应该先吃鱼丸还是应该先吃羊肉卷，这两个食物没有明显的轻重缓急，先吃羊肉卷或是先吃鱼丸都只是一个时间上的概念，无关大碍。但是，对待工作的时候，你不能只挑选自己喜欢的事情去做，它们不是躺在火锅中等待你进食的火锅材料，它们之间会形成一个阶梯，就像我们下楼梯，需要一个由高到低的过程，你的腿不允许你的阶梯太过跳跃。

在工作中，老板不可能只安排给你一件工作，当两件事情相撞的时候，你需要从中挑选一个比较急或是比较重要的工作先完成，只有这些紧急又重要的事情先完成了，你才能舒口气，慢慢地去做既不紧急又不重要的事情。否则，你就会被无边无尽的工作压成一个停不下来的陀螺，没有任何喘息的机会。

在职场中，忙是正常的，但是你也要匀出一点时间对你的工作做一个分工。你只要从这些工作中挑选出哪些才是自己现在应该着手做的，然后依次排列，就会让你的工作变得井井有条，而且有轻重之分，否则你就像一个抓不住重点的职场机器人，对信息的提取造成乱码，最终导致提取失败。

“看到吗？陈显富又被叫到了办公室。”

“他肯定又犯错了吧！”

办公室外，同事正在谈论这个星期的陈显富已经第四次被叫到领导办公室的事实，而且每一次都遭受对陈显富工作效率不高的批评。

陈显富耷拉着脑袋走出领导办公室，身边的同事立马跑过来递“关心”：“显富，领导又找你去什么事，不会又训斥你效率低吧？”

陈显富没有理会这些“长舌妇”对八卦的兴趣，他此刻的心情比较郁闷，其实不要说领导讲他做事情没有效率，连他自己都觉得做事的步骤显得特别凌乱，似乎找不到重点，总是东一榔头西一棒槌，没有任何效率可言。

我们身边有多少个“陈显富”？他们在做任何事情的时候，都是抓起事情就做，毫无“轻重缓急”的概念。所以，他们有时候常常因为对事情拿捏不到位，受到职场专家给出的“医嘱”：首先要调整心态，认清自我，知道自己具有什么、缺少什么、想要什么；其次要有原则，不随意破坏规矩，有规矩而成方圆，至少要有自己的底线；还有就是要放下面子，学会拒绝，对超越工作职责或能力范畴的事要勇于说不；另外要建立人生目标，科学安排自己的精力和时间，力求把该做好的事做得更好。

所以，抛开自己那种“眉毛胡子一把抓”的思维，在工作中，认清事情的“轻重缓急”，这样你才能趾高气扬地走进公司，快乐的工作。

职场“小陀螺”，停下歇歇吧

你说你很累，每天睁开眼睛第一件要做的事情就是要上班。这话一点都不假，现在的每一个上班族都像是上了发条的机器人一样，每天不停地运转。只要你有工作，只要你不想让别人超越，你就必须拧紧自己的发条，背上责任，然后深吸一口气，扎到工作中去。

2014 年，春节联欢晚会上不停旋转的只有 16 岁的小彩旗引起了人们的关注，人们都对这个旋转了四个小时之久的小彩旗表示出不可思议的惊叹。但是工作中的你又何尝不是如此，每天早上早早地起床，还未睁开眼睛，就做到电脑桌前，打开电脑，脑袋立马“叮”的一声，被工作唤醒了意识，接下来的时光中，你满脑袋都是工作的事情，甚至在吃饭的时候，都是发扬“左手面包，右手鼠标”的状态，不知疲倦地扮演着职场“小陀螺”的角色。

虽然你也觉得这样的旋转消耗了自己的体力，使你感到头晕目眩，但是碍于公司激烈的竞争，不得不拿上一瓶能量饮料放到自己的桌上，在感觉累的时候，用这种功能维生素饮料为自己补充点能量，然后继续不停地旋转。

金念念每天早上六点钟起床，花二十分钟收拾自己，然后对镜子里那个面容精致的自己说声加油。到门口踩着十厘米的“恨天高”蹬蹬地下楼，到楼下后再把自己塞进一辆人满为患的公交车，到公司后，拍拍尚未

清醒的头脑，便打开电脑，投入到新一天的战斗中去。

金念念是上个月刚被老板提拔上来的经理。她为了得到这个职位可是花费了不少心思，为了这个职位，她忘了母亲节的祝福，错过了老爸的生日，还忘了同男朋友的周年庆，推掉了各种朋友聚会。正当大家觉得，当上部门经理的金念念可以好好休息一下的时候，金念念却定下了更高更豪气的目标：我要当部门总监，我要年底买一辆车，在三环贷款买下一套房子。

有了更高职业目标的金念念，不仅为了工作奉献自己的整个心，而是把自己的整条命都放进去了。

由于长时间的劳累，金念念越来越觉得力不从心，她有的时候甚至感觉到自己的双手在不停地发抖，功能维生素饮料也无法激发她的能量。可是，手颤抖得再厉害的金念念都不愿放弃，她还等着下一次的升职加薪呢，再说，现在职场新人一大波一大波地涌入，她不更加努力旋转，早晚会是晒死在沙滩上的前浪，到时候，可什么都没有了！

你是否也像金念念一样，被工作的压力拖得筋疲力尽，有时候你甚至会觉得工作是一件非常痛苦的事情，你所获得的酬劳也是你出卖自己的身体和思想换来的。而当你想暂时放下“上班族”的标签，卸下装在自己身上的发条的时候，你又会担心，你的休息会为你带来经济上的威胁。所以，你又重新穿上那件被你诅咒了无数次的职业装，打开电脑，继续迎接着工作的抽打，开启自己疯狂的旋转模式，继续做一个职场上的“小陀螺”。

你把自己的劳累隐藏在你厚厚的工资下面，当你因为高速旋转感觉头晕目眩的时候，你依然撕扯着自己的嘴角，向别人露出轻松的微笑。你不想把你的劳累暴露在别人的面前，你清楚地知道工作能给你带来经济上的满足。在这个物质作用的时代，你选择“出卖”自己的身体，伪装自己的劳累，在职场中不停地旋转着。

在你不断旋转的过程中，你失去了原本的好伙伴，忽略了对父母的关心，劳累了自己的身体，何必呢？快节奏的旋转已经将你的精力借助工作引力的力量一点一点的甩干。你需要的是向工作按下快捷键，告别这种陀螺式的工作空间，享受来自人生的快乐。

为了避免这种劳累为你带来不可弥补的伤害，你可以暂时离开那个让你变身成小陀螺的工作环境，寻找一个安详的生活空间，做一个精神和身体上的理疗。当别人都在大玻璃笼罩的写字楼中不停地旋转时，你喝着可乐，在沙滩上晒着太阳，让自己放松。

停下来歇歇吧！别再当一只不停旋转的小陀螺。你不需要通过赚取厚厚的工资，提高自己的消费水平而牺牲自己的身体。这种生活中的“虚荣”，这种不停旋转式的工作会让你丧失自己，为你的行为贴上“得不偿失”的标签。

少一点工作应酬，多一点时间给自己

应酬已经成为职场工作必备的一项任务，人们逐渐把谈合作的地点由传统的办公室搬到了酒桌上，工作应酬俨然已经成为一种职场的文化。

王小立是总经理助理，一个月 30 天的时间却有 20 天的时间都在应酬。他的妻子也常常抱怨，自从王小立升为总经理助理这个小官之后，在家吃饭的时间就少之又少，晚上喝得醉醺醺的回来更是常事。

妻子曾经跟王小立抱怨道："能不能少些应酬?"王小立对此也很无奈。其实他也不想每天陪着公司的领导和企业的客户吃饭或是打高尔夫。但是他们这些被酒桌惯坏的生意人似乎只有在应酬上、在酒精的催化之下，才能聊一些有关合作的话题，否则就像是缺少了谈判的氛围。

7 月 25 日，是王小立与妻子结婚一周年的纪念日，妻子理所当然地希望王小立这一天能准时回来，陪自己过结婚后的第一个纪念日。但是直到晚上 10 点之后，王小立才拖着烂醉如泥的身子回到家中。这让妻子大动肝火，第二天便大包小包地收拾行李回了娘家。

王小立也感到很窝火，自己一心一意地想为这个家赚取更多的钱，改善经济状况，可妻子始终无法理解自己的行为。他也深深地觉得，应酬这个东西的确是一种腐败的社会文化，谈合作不一定只有在酒桌上才能完成。

多留一点时间给自己，少一点工作上的应酬。

每一个人都有自己的家庭，有自己的生活圈子，不能因为工作应酬而丢了自己的生活，丢了家庭和朋友。但是这是一种社会现象，王小立也觉得无能为力。

你身边有多少个王小立？他们白天的时候，把自己的时间奉献在工作上，下班之后又要把自己的时间出卖给这些应酬。工作对现代人来说，几乎已经占据了生活的全部时间，我们都没有时间停下来审视自己，享受家庭、朋友和自由带来的欢乐。

你下班之后，高高兴兴地往家赶，本来想享受一下家庭带来的温馨。但是你却被客户或是领导告知，今天将有一个应酬，需要你腾出时间“照顾”一下，这个时候你迫于工作的压力，不得不半推半就地换上西装，打上领结，向某某酒店赶去。

在这样每天觥筹交错、花天酒地的应酬生活中，你的肚子也不断地隆起，与亲人的关系也逐渐产生了距离，甚至有一天你发现家庭已经破裂，自己也因为长时间的应酬患上了酒精肝。你发现你已经好久没有自由过，就像是一个被工作囚禁的犯人一样，你每天都在工作的圈子中打拼。

当你是一个名不见经传的小职员，每个月拿些微薄的工资的时候，你却有大把的时间陪自己的亲人看电影、逛公园。当你的职位被提升了一个小台阶之后，你开始因为各种应酬而压榨了自己的闲暇时间。你的成就、你的生活质量的提升都是你出卖自己的时间，出卖自由，甚至是出卖健康换来的。

当这种应酬逐渐成为你生活的一部分的时候，你需要调整自己的计划，减少一些不必要的应酬，争取一些本来就属于自己的时间。在繁多的应酬中，你会因为形形色色的思想的入侵而改变。就像是把自己浸泡在花椒水中的小龙虾，你还能有小龙虾身上的那种鲜味吗？你总会觉得在小龙虾身上吃到了一种胡椒水的味道。

你不是一个24小时待命的机器，你是需要充电的，当你能量满格地在工作和应酬上行走一段时间之后，你就会觉得心力交瘁，甚至在照镜子的时候也找不到自己，看到的只是一张被酒精激将得发红的脸。你的名字也已经被什么“总”所代替，长此以往，你除了记得自己的姓之外，会连自己的名字都忘记。

多留一点时间给自己，少一点工作上的应酬，在工作之余，为自己补充一点生活的正能量，让自己的生活接地气。

无人喝彩又怎样，我的事业也精彩

工作中，我们往往喜欢把自己的事业心心念念地嫁接到别人的肯定中，以别人的喝彩来衡量自己的信心和快乐，我们常常把这种喝彩当作是自己事业奋发向上的能力。

你觉得失去别人的喝彩，就像是个犯了错的小孩，无论做什么事情都会变得蹑手蹑脚，对自己的实力产生怀疑。这样的想法会让你变得像个被刺破的皮球一样，在空气的作用下，迅速地释放自信的能量。这样的你，就像是生活在别人眼皮底下的待出售的商品，你已经失掉了人生的主场，把命运交到别人用赞美的词组成的口水中。

活在别人喝彩中的人是一种缺乏自信的表现，王小顺就是一个例子。

王小顺最近脑海中一直有一个想法，想在村里承包鱼塘，做水产生意，据说这个行业来钱快。况且自己生活在这个鱼米之乡，这一优势可以为自己的事业锦上添花。

王小顺每天都做着这样的一个白日梦：乡亲们都围在王小顺的周围，夸他是一个有生意头脑的小伙，就连张大爷也主动提起，要把自己的闺女张小翠许配给王小顺。王小顺每次想到这个画面，就觉得心里美滋滋的。

怀揣着做水产发家、迎娶张小翠的梦想，小顺开始着手进行鱼塘的承包。他希望乡亲们都对他的生意头脑进行赞扬，对自己的事业大力支持。但是自从自己承包鱼塘以来，村民们没有一个对王小顺这一水产养殖的事业进行喝彩，甚至有人讥笑他是异想天开。这样一种事与愿违的现象，使王小顺这个总喜欢活在别人喝彩声中的人开始对自己的事业产生怀疑，对事业也失去了信心。

就这样，王小顺因为对喝彩声的计较，使得自己渐渐与水产大亨的名声失之交臂，而被隔壁那个自以为是的小伙子抢占了先机，不仅借助水产行业发家，也赢得了张大爷的“青睐”，抱得了美人归。

生活中也有很多的王小顺，过高地增加自己事业信心的砝码，把别人的赞扬当作自己奋发向上的养料。但是在这个人云亦云的时代，过高地要求自己只会让自己变得失去信心，更何况是想要打造别人眼中的自己，你不要以为自己是人民币，每个人都会对你进行喝彩和肯定。

你要知道，喝彩只是一种人们之间简单地抒发感情的一种方式。我们为银行中的那些红色大钞喝彩，它们仍然还在那里，不多也不少。所以，喝彩虽然是一种肯定，我们有时候需要从别人的喝彩中反射自己事业的选择是否具有价值。但是，我们要清楚，无人喝彩的时候，我们也可以活出自己的精彩。

不要太过在意自己的行为和事业在别人眼中的看法，每个人的想法和世界观都存在着差异，这些差异都会影响我们对事物对与错的判断，所以当别人对自己的工作和行为表示沉默甚至否定时，不要过早地怀疑自己的实力。生活在这个压力日益增大的环境中，我们要学会为自己减负，而不是落井下石地继续为我们不堪重负的心灵加重衡量的砝码。

你作为自己的事业的主宰者，你完全可以发挥自己的独立自主的作用，不要因一个喝彩声而出卖原有的对事业的决心，怀疑自己的能力，这样你会一事无成。

你要时刻谨记，即使没有喝彩，你也能在自己选择的事业上，信心满格，像个油炸的丸子一样，继续发挥自己“嘎嘣脆”的精神，以此争取自己前程。拿掉那座压在你身上由别人的口水组成的一句句喝彩声，这样你才能在自己一心一意营造的轻松氛围中，勇敢地做自己，用自己的信心坚定自己未来的路，在自己追逐的事业上活出一种别样的精彩。等到事业彼岸花开的时候，你就能搏得满堂的喝彩。而你，也早已对这种锦上添花的形式主义觉得无关紧要了。

记住，你的事业，你的生活，不需要别人的指手画脚。

第四章　当爱情寸步难行
——松开以爱之名的束缚

有人说，爱得好辛苦，每天想方设法地讨自己喜欢的人开心，不计回报地付出自己所有的精力和青春，但是对方好像对自己所做的一切都无所谓；有人说，爱情中的人好廉价，明明对方不爱了，却死缠烂打不肯放手，把自己弄得像乞讨爱情的乞讨者一样。

这些都是被“爱”捆绑的人，在爱情举步维艰的时刻，依然不肯放手，让自己痛苦。

其实，爱情的确是有几分“毒性”的，最好的解毒办法就是，当爱情寸步难行的时候，松开爱的束缚，不要拿自己的青春赌爱情，这样你会发现自己更快乐。

爱的江湖，不相守便相忘

如果两个人不能在一起，就果断地忘记对方，不要让自己陷入得不到又忘不掉的痛苦情绪中，每天以泪洗面，借酒消愁。

有一种人，他们把自己的情感埋在心里，只能远远地看着那个人的一举一动，每天晚上喊着他的名字入眠，第二天一大早又在关于他的梦中醒来。但是这种用情至深的行为，对方无法接收，所以他们只是默默地站在那个人的身后，只要对方一转眼就能看到的位置。

还有一种人，当他们的爱情被单方解约，而自己又“意犹未尽”，在自己的再三挽留无果之后，便陷入“相思病”的困扰，每天翻看两个人在一起的回忆，或是抱着对方穿过的衣服或是其他物品，模拟着当时两个人在一起的场景，嘴角微微地上扬。可是当现实打碎梦境，将事实残酷地展现在他面前的时候，他便痛苦地挣扎着，并且边忍受内心撕心裂肺的痛，边自欺欺人地说：“我相信总有一天她会回心转意的。”

这些人在爱情的面前都扮演着脆弱的角色，他们即使知道这样卑微的爱情不一定有好下场，但他们就是忘不掉，整日让自己陷入纠结、无奈的氛围中，无法自拔。

“你答应过你不走的，你答应过不会离开我的！”陈安华在这种被抛弃的噩梦中醒来，满脸泪水的她迅速抓起身边的相框，向着电视墙砸去。“咣当”相框掉在地上，玻璃渣子散落一地，相框中的小胡子男搂着陈安华，两人看上去很是甜蜜。

照片中的小胡子男就是陈安华的前男友，也是导致陈安华嗜酒如命的真凶。陈安华和小胡子男在一起五年，五年的时间，让陈安华逐渐对着一个时尚炫酷的小胡子型男产生了浓烈的爱情，陈安华甚至发誓，这一生，非他不嫁。

但是有一天这个小胡子男却责怪她的无理取闹，责怪她的幼稚。一旦一个男人对一个女人失去了兴趣，那她所有的天真烂漫，所有的单纯可爱，在他眼里都只能算上一种无知的做作。在这种变化中，小胡子男对陈安华提出了分手，陈安华就抱着小胡子男，歇斯底里地控诉道："你说过你不走的！你答应过我不会离开我的！"

从此之后，陈安华逐渐从一个被爱情滋润得满面红光、浑身充满幸福滋味的小女人转变成一个整日郁郁寡欢、愁眉不展的"弃妇"，对什么都失去了兴趣，每天都活在和小胡子男五年的回忆里，伤春悲秋地感叹这个世界短暂的爱情。

生活中，很多人都像陈安华一样，被爱情玩得团团转，在爱情来临的时候，沉浸于它的美好，当爱情结束的时候，仍然紧紧攥着回忆，不肯放手。

其实，爱情是人类一种基本的情感，不管当初两个人是因为寂寞还是因为互相倾慕走到一起，不管之后的生活中两个人如何迁就，如何包容，如何的互敬互爱。也不管在爱情中是谁伤害谁，谁对不起谁而导致两个人的爱情走向尽头。然而，当爱情寸步难行，面临着解体，就应该放下这份爱情的捆绑，让一切尘归尘，土归土，彼此相忘，还对方一个干净的可再生的空间。

爱的江湖，容不下太多复杂的情绪，不能执子之手，与子偕老，那就好聚好散，不要让已成定局的现实徒增自己的烦恼。这样既不利于爱情的再生，也会损害在对方心目中的形象。

一个人身边的位置只有这么多，有人来就必须有人要离开，如果两个人不能继续在一起，不管是单方解约，还是被迫分手，都要学会放手。学会放下心中的那份爱情，好让彼此都有机会去爱别人。

如果你的爱情卑微到了进退两难的死胡同，明知道得不到，却又不想忘掉，只让自己独自伤感，这是一种愚蠢的行为。两个人的爱情，只要一方面解约，便要学着释怀，让一切回忆和幻想的美好都随风远去，还自己一个全新的世界。

让那些已成回忆和等不到的爱情都随风去吧，不要再让自己被单相思折磨，寻找属于你自己的爱情，这样你才能真正品味爱情的快乐滋味。

当感情如鸡肋，是弃之还是食无味

爱如果不在了，就早出声。不要伤人伤己，让彼此都陷入纠结、烦恼之中。

这是一个很老套但是很常见的爱情故事，男和女在一起生活了十二年，最后却因为不合适分开。分手后，所有的人都觉得是那个男人辜负了女人，白白消耗别人十二年的青春，最后却落得鸡飞蛋打的结局。

十二年的青春过后，大家都不再年轻。不应该把所有的过错都集中到男人一个人的身上，毕竟这十二年的时光不仅仅是女人一个人在支付，他也变得不像昔日那般风流倜傥。

合不合适难道真的需要十几年的时光才能最终找到答案吗？如果这样的话只能说明两个人的智商真的有问题，对一个仅需要感官就能判断的问

题，却需要那么漫长的反应时间。事实上，这两人之间是有感情的，只是当激情过后，一切都归于平淡，两个人便开启了鸡肋的生活模式。因为没有遇到合适的，怕结束了这段爱情长跑后会变得孤独，选择凑合。

对待爱情这个问题上，女人也犯了一个致命的错误，男人一旦感觉女人脱离了自己的预期，便会以各种理由表现地不耐烦，这些女人都是可以看到的，可是女人总是习惯地以为，只要对他足够好，足够热情，他就能回心转意。所以，即使察觉到自己对男人而言只是一种情感的替代品，即使她知道自己的爱情已经陷入了鸡肋的模式，但她仍然不死心，想通过自己的付出让男人感动。

但是爱情并不是建立在感动基础上的，你对他的照顾他察觉得到，你对他的良苦用心他也可以理解，但是那已经不能算是爱了，她再也燃不起他对爱情的激情。所以，面对这种鸡肋的感情生活，时间一长，总有拨得云开见日明的时候。

如果这个男人够无耻，他还会加上一句："当初大家在一起都是你情我愿的，当爱情尽了，过去所有的感情都一笔勾销。"因此在爱情中，你永远都可以察觉到你们爱情的发展动向，当爱情向着"鸡肋式的爱情"转变的时候，你应该选择放手，坚持的结果只能白白地虚度你的时光，最后导致两败俱伤。

有的人面对这种鸡肋式爱情的心理是，在没有找到自己的马之前，先找一头驴当自己的代步工具，等找到马的时候，就把驴扔到一边，有时可能会因为同情付一笔遣散费。这种类似于孤独交易的爱情买卖，永远也无法达到你理想的效果。

你想吃的可能是辣子鸡丁，但当红烧鸡肉出现在你面前的时候，你可能会有些失望，但你可能会告诉自己说："凑合吃吧，下次再吃辣子鸡丁。"所以红烧鸡肉对你来说只是一个替代品，一个可以让你填饱自己的胃的食物。可是在你吃红烧鸡肉的时候，你心里想的都是辣子鸡丁，所以，你才会觉得红烧鸡肉索然无味，除了填饱肚子，没有任何的意义。

在现在的交际圈中，亲朋好友见面的第一句问候就是“现在有没有对象”，仿佛没有对象是一件很丢人的事情，所以，鸡肋爱情顺应着时代的发展逐渐地被人们带上了爱情发展的舞台。把对方当作是一个备胎，是一种在别人面前可以骄傲地说“我不是一个人”的勇气的着力点。

爱情如果不在了，就早出声，该断就断，不要等到后来才发现自己只是浪费自己的青春和一场不属于自己的爱情玩一场时间游戏。

等到白头，熬不来爱情

“如果下雪不打伞，我们是不是就能走到白头……”

有些人一直在等待着生命中的那场关于爱情的大雪的到来。但是，等待一件未知的事情是特别痛苦的，所以，你时常在遥遥无期的等待中感到沮丧、焦躁不安。

有一种人，他们就像《最美的时光》中的女主角苏曼一样，只一眼，便可以让她苦等十五年。只为见他一面，便每天网罗他的消息，辞掉自己的经理职位，到心仪对象的公司当一个不起眼的小文员。他们每天站在心爱的人身后，看着他的一举一动，并且坚定地相信总有一天，对方会看到身后的自己，然后执子之手，与子偕老，上演一段凄美的爱情故事。

有一种人，他们总觉得自己是高傲的公主，总觉得全天下的人都会爱上自己的高贵气质，并且坚定地相信总有一天自己的王子会骑上白马，在众目睽睽之中，为自己准备一场浪漫的邂逅，然后两个人在“相见恨晚”的感叹中共同经营一段“天作之合”的爱情。

还有一种人，他们总相信最好的永远都是“下一个”，所以，眼巴巴地错过一个又一个的爱慕着，一心一意地等待着自己下一个如意郎君。然而，生命不息，时间不止，“下一个”永远都处在无限循环的状态。

但是，并不是所有凄美浪漫的爱情故事，都会有一个完美的结局，那些“山无棱，天地合，才敢与君绝”的爱情誓言太过矫情、做作。现实中，我们无法判断的东西太多，不能天真地以为所有的等待都会有“柳暗花明”。有些时候，我们活得太痛苦，就是因为自私地把一些不属于你的东西攥得太紧了，到最后伤人伤己。

这样的人，在满脸皱纹、满头白发的时候才发现，时光已经在不知不觉中走远，自己也已经脱离了之前的风华正茂。可是，自己仍然没有等到自己心中的白马王子。

何少磊和俞漫是在大一的新生联欢会上认识的，何少磊作为大四的元老级师哥和学校的学生会主席，理应成为新生欢迎会的主持人。何少磊长相出众，身材也属于长腿偶巴的类型，是典型的“高富帅”，那个时候，只要何少磊走过的地方，都能赢得一群女生的尖叫。

俞漫看到何少磊在台上讲话，颇具有主持人的风范，再加上何少磊身上特有的气质，使这个来自一线城市的富家女俞漫很快地陷入对何少磊的爱情幻想中。

从新生联欢会之后，俞漫总是在校园中刻意地寻找何少磊的影子，有时候会在中午吃饭的时候，听到别人讲今天会有何少磊的球赛，她便牺牲掉整个的午睡时光，只为能看他一眼。

俞漫有一次在学校医疗所的时候看到了何少磊，他打球的时候不小心伤到了，俞漫就急忙地跑到外面的商店，买来一些冰块，递给何少磊。于是两个人便由礼貌的日常用语开始交谈，直到后来逐渐熟络起来。

俞漫向何少磊表达过自己的爱慕之情，但是何少磊却装作没听见一样。就在这种不愠不火的感情中，何少磊毕业了，走出了学校，他们也从此失去了联系。

但是俞漫总是相信，自己最终会和何少磊走到一起。所以，她一直在等待和何少磊的再次重逢。为此，她错过了一个又一个爱她的人，错过了一场又一场青春的爱情。

最终，当俞漫三十岁的时候，她见到了何少磊，但他已经是两个孩子的父亲。

现实生活中有很多像俞漫一样的“等爱”一族，他们宁愿让自己在等待中痛苦，也要坚持自己心中的那份美好的爱情，到最后只不过是一场空。

或许你也一样，花费自己大好的青春，只为等一个人的长相厮守，并且还是在不知剧情发展的前提下。你也许会说，电视剧中的男女主角，总能在跟时间谈了一段恋爱之后，等到属于自己的完美爱情。

但是，在现实中，并不是所有的等待都会带给你惊喜。或许在别人的爱情中，你不是主演，不要用爱的名义束缚自己的手脚，让自己像个傻瓜一样，白白浪费自己的青春，和时间谈一场没有结局的恋爱。

不要紧抓住不属于你的爱情不放手，让自己在漫长的等待中饱受身心的煎熬。松开以爱之名的束缚，追求属于自己的幸福，你会发现，在一起的爱情才让你更快乐。

追不到？只是因为他不想让你追到

现实中存在着许多的单相思“患者”，他们每天追着自己心爱的人，无私地奉献着自己的“爱心”，甚至扮演着“呼之即来，挥之即去”的角色。但是对方依然弯起45度的嘴角，挽着别人的胳膊，迫不及待的和自己挥手告别，让自己陷入一种“追不到”的焦虑之中。

其实，我们身边有很多这样的人，他们每天围绕着自己心爱的人打转，可最终却还是被一句“我们不是一个世界的”所打发。像这种以悲剧收场的单相思者，并不是他们不知道该怎样追自己心爱的人，只是对方不想让你追到而已。

沈秋最近特别的郁闷，手机号码换了一个又一个，也仍然免不了钱小五的骚扰，她觉得钱小五就像个橡皮糖一样，每天粘着自己，甚至上厕所

的时候，他都能在门口守着，甩都甩不掉。

“听说了吗？钱小五在追沈秋，唉，又有一个姑娘要离开了。”

“是啊，上回那个业务部的美女，也是被钱小五逼走的吧？”

同事们议论纷纷，都在像观看好莱坞大片一样，津津有味地观看着钱小五和沈秋的猫追老鼠大战。

沈秋刚到公司的时候，就引起了钱小五的注意，这个皮肤雪白的女神刚好是钱小五的菜，于是他当天下午就捷足先登地跑到花店买了一束红玫瑰，在同事们的唏嘘和看笑话的眼神中把花递到了沈秋的面前。

由于刚进公司，沈秋也不想得罪他，于是就收下了。第二天，沈秋刚到公司，钱小五就向沈秋发出下班后一起吃饭的邀请，沈秋知道钱小五的用意，便以自己有男朋友为由拒绝了。

被拒绝后的钱小五虽然非常的伤心，但他并不承认自己的魅力不够，于是他继续发扬他的“二皮脸”精神，每天一束玫瑰，每晚一通电话，甚至连沈秋去休息室的时候，他也跑去向沈秋献殷勤。总之，只要有沈秋的地方，就少不了钱小五的影子。

就这样，在钱小五的穷追不舍中，沈秋选择了辞职，并更换了电话号码。而钱小五，因为自己的“追不到”而郁闷，惆怅，甚至无心工作。

“萝卜白菜各有所爱”，也许你是一个脖子上挂着“土豪圈”，身上穿着阿玛尼，手上拿着 iphone6 的宝马男，但是仍然有一些女人会在你满心欢喜地为她买香奈儿、迪奥的时候，依然冷冰冰地对你说：“走开！”然后挽着一个头戴安全帽，身穿工作服的男人说：“亲爱的，我们去吃大排档吧！”

所以，当有些人不想让你追到的时候，即使你再怎么辛苦地付出，再怎么痴痴地等待，她依然对你不理不睬，只会白白浪费自己的时光。

有个道理我们都懂：“该是你的就是你的，不是你的，即使你得到了，到最后也会失去。”就像是有一些天生对海鲜过敏的人，他们注定这一辈子都不能跟海鲜和平地相处。

所以，做人要懂得适可而止，不要总在一颗不属于你的歪脖子树上吊死，还心存侥幸地盼望着上天会大发慈悲地再给你一次机会。

醒醒吧！你以为你的生活可以像超级电视一样，有倒带的功能吗？你以为你能像哆啦A梦一样拥有万能的口袋，可以再次回到过去，把你认为错的事情再重新刷新一遍吗？

你不能！所以，不要把你有限的时光浪费在你永远不可能得到的事情上。要学着放手，学会放手，这样你才能有足够的精力珍惜那些值得你去珍惜的人，你才有足够的时间做一些比徒劳有千倍万倍意义的事情。

勇敢地对一段不属于自己的感情说“拜拜”，然后继续往前走，遇见属于自己的幸福，你会发现，爱会让你变得更快乐。

果断 pass 错爱，去下一个碧海青天

“错爱”作为一种影响心情和情绪甚至导致严重身心伤害的“疾病”，已经越演越烈，社会上几乎每天都上演着错爱的悲伤戏码，拼命地想得到本不属于自己的那份爱情，到最后伤人伤己，白白浪费自己的青春不说，还让自己无时无刻不处在痛苦之中，伤春悲秋地感叹这个世界不尽如人意的爱情。

有一种人，他们是消极思想的代表，他们爱的时候，甜蜜的死去活来，不爱的时候又互相伤害，明知道两个人之间存在着太多的“水火不容”，却因为时而的美好而不忍心放手，于是，“就这样凑合吧”便成为他们维持爱情的唯一借口。因为已经习惯了对方，因为不想再花时间寻找自己的另一段幸福，让自己活在纠结的情绪之中。

还有一种人，他们明明已经有自己的家庭和孩子，明明有自己的责任和义务，却还发扬他“吃着碗里的，看着锅里的”花心精神，因一时的刺激，把自己的感情放在自己婚姻之外的另一个人身上。等到“小三”浮出水面，自己的行为受到指责，才追悔莫及自己的鲁莽，让自己和最爱的人都陷入极度的痛苦之中。

“错爱”是爱情生活的一记毒药，它会让你尝尽万般折磨，受尽万般委屈，然后再泪水与痛苦之中浪费青春和感情，是典型的“爱情痴呆症”患者。原来的“三好男人”文章就是一个典型的代表。

2014年，当红小生文章和“新四小花旦”之一的姚笛被狗仔队拍到在一起的画面，随后网络上，娱乐节目以迅雷不及掩耳之势将这一娱乐性新闻公之于众。这段感情不仅损害了两个人的公众形象，还背负了很大的社会舆论。

文章和姚笛是在《裸婚时代》中认识的，感情迅速的升温。对于文章和姚笛的爱情，如果是针对刘易扬和童佳倩而言，理应得到社会的肯定和祝福。但是，作为有儿有女有老婆的文章而言，两个人的爱情即使再怎么轰轰烈烈、情比金坚，也最终只不过“错爱”一场。在错误的爱情模式中，文章每天像个躲避警察追踪的杀人犯一样躲避着媒体和记者；而姚笛被小三的骂名逼迫的不得不“隐居”国外疗伤。

爱情本身是一种神圣的抽象的概念。文章和姚笛的爱情本身并没有错，错就错在他们的爱情发生在文章与马伊琍的婚姻之后，所以，这段感情才会被冠上“错爱”的标签，文章和姚笛也分别成为了“负心汉”和“小三”的“代言人”。

现实生活中有很多的错爱，有太多的人攥着不属于自己的爱情面包，品尝着错爱的苦涩和痛苦滋味。

其实，每一个人都是在用生命谱写着每一天的精彩，如果你在这一过程中爱上了一些对你来说，最后仍旧成为过客的路人，那么你就相当于是拿切糕，换一包被地沟油翻炸过的方便面。等到切糕已经成为别人腹中已经被消化殆尽的事物之后，你猜恍然大悟自己上了贼船，但是这个时候，即使你再怎么后悔，你那昂贵的切糕依然不可能回到你的手中，而你得到的，只有那一块被垃圾浸泡过的垃圾。

所以，不要等到已经无路可退的时候，才想起后悔。对待爱情也是一样，不要让一时的贪欲冲昏了你的头脑，如果你正在一段错爱的漩涡中痛苦地挣扎着，那么你就需要及时地结束这段不属于你的爱情，去寻找属于你自己的碧水蓝天。

恋爱没有 deadline

有人说，恋爱的保质期很短，瞬间就会腐败，有人说恋爱的保质期有三个月、六个月、一年等，这种贴上了保质期的爱情总是在期限将至的时候，让人陷入痛苦、不安的情绪中。

爱情是一种感情，是不受时间的作用和支配的，有些爱情只发生在短短的几秒钟，而有的爱情则是长相厮守，一生一世。爱情的保质期不是一个固定的数值，它是一个变量，由两个人共同决定。

世界上有一种人，他们自以为是，认为爱情只能维持三个月，在恋爱中常常发扬他的“三月之约”精神，期限一到，便小心翼翼，总感觉会被对方抛弃或是背叛。整天疑神疑鬼，看谁都像“小三”，逮谁都像红杏出墙的对象，这样的恋爱，在这种模式的限定下，就会因为相互的不信任而走到尽头。

还有一种人，他们一旦喜欢上一个人，一旦和这个人开始一段恋爱之旅，便会像个橡皮糖一样，死死地黏住对方不放，发誓要谈一场一生一世的恋爱。动不动就以死相逼，直到对方的行为达到自己的要求为止，在他们的世界中，如果你我曾经拥有，就必须天长地久，这是他们恋爱的选择。他们会主动清除掉爱人身边的情敌，时不时地突然袭击，像个隐藏的摄像头一样。

所有的女生都曾幻想自己是爱情里的公主，永远活在拥有无限保质期的爱情里。张晓就是幻想型的公主，她大一的时候遇到自己的心仪对象李磊，当时张晓问李磊是否想和自己谈一场不分手的恋爱，李磊想都没想就答应了。

然而，李磊是一个典型的花花公子，他从来不相信爱情的期限可以像被地沟油翻炸过的方便面，或是添加了防腐剂的火腿肠一样，能够保持将近半年的时间。所以，他的每一段恋爱都是保质期仅有几天或是几个星期的鲜奶，他觉得男人大半生的时间都交给一个女人是一件特别不体面的事情。所以，他每次只要新鲜感一过便散伙。但是，对于执着的张晓来说，这样未添加防腐剂的短暂恋爱似乎是一种罪恶，一种无法原谅的错误。

当李磊和张晓提出一刀两断的时候，张晓崩溃了，她从来没想过，也无法理解爱情是有期限的，而且如此短暂。她拉着李磊的手，像个被主人抛弃的宠物一样，祈求李磊能让自己留在身边，可是李磊却在张晓死缠烂打的第二天拥着别的女生进进出出。而张晓，却攥着自己拥有很长保质期的而今已成回忆的爱情痛苦得死去活来。

现实中有很多人，他们总以为爱情也像其他商品一样，只要贴上保质期，就能在保质期内甜甜蜜蜜地度过，而保质期一到，便会自动下货。但

是，爱情是双面的，是两个人的事情，爱情的长短也是靠两个人共同维系的，如果有一方放手，那感情必定会失去平衡。

我们生活中的那些模范情侣，他们能让爱情长久保鲜，就是他们懂得爱情是两个人共同决定的，是需要两个人共同经营的，所以他们才会拥有长长久久的爱情保质期。

而那些“闪婚”或是“闪离”一族，他们总是抱怨对方对自己不够关心，对爱情不够负责，于是果断地分道扬镳，各自过自己的生活。

所以，放开那些“每段恋爱都是有保质期”的念头，和自己的另一半共同经营你们的爱情，谈一场永不分手的恋爱。

走出父母不幸的阴影，勇敢去爱

现在的年轻人动不动就说："我从来不相信爱情"，然后拼命地克制自己内心的小悸动，让自己活在渴望爱又害怕爱的纠结之中。

据调查显示，大部分不相信爱情、不敢接受爱情的年轻男女，都是源于上一代的不幸婚姻和爱情。

这种社会现象不得不引起我们的反思，当我们每天通过各种各样的关于海誓山盟的爱情歌曲，通过不同版本的童话般爱情故事的肥皂剧，向社会上的年轻男女不断地灌输有关爱情故事的时候，怎么依然会有人听着伤感的歌曲，并在心中写下不相信爱的语句。他们看着别人凄美的爱情故事，不由得从口中发出"哼哼"、"虚伪"的语句，并在遇到有好感的异性的时候，拼命地克制自己的情绪，并用"无所谓"掩饰真实的自己。

这样的人其实心里渴望能有一段轰轰烈烈的爱情，渴望能有一个陪自己一生一世的另一半，但是却只是躲在别人看不见的角落偷偷地观察他的一举一动，关注他每天的动态，品味他每天的心情，甚至看完他所有的说说或是日志，把他的一点一滴都默默地带到自己的生活中来。

可是，一旦对方向自己出示通行卡，又会纠结地拒绝别人的牵手，并在夜晚的时候一个人泣不成声。这是一种典型的"吃饱撑的"。渴望爱，又怕爱，他们大多都是单亲家庭的孩子或是在父母不幸的婚姻中长大，久而久之，逐渐形成的一种"恋爱恐惧症"。

不要再让自己沉浸在父母不幸的阴影中，不要再为上一代的错误埋单。

但是，这样的人真的只要不碰触爱情就会快乐吗？明明对别人的爱已经泛滥成灾，却还把自己包裹在内心脆弱的外壳中，承受着一个人的单相思之苦，并且在面对别人的时候，依然摆出一副拒之千里之外的面孔。

你在爱情的道路上虚伪地生活着，用“冷色调”装扮着你的爱情观，每当你想陷入爱情长河的时候，你就会想到发生在父母身上那段不幸的婚姻，想起他们每天的争吵和打骂。所以，你被这样一段发生在自己身边的现实的冷水，从头到脚浇灭自己刚刚想要腾起的爱情火苗。

于是，你把自己精心追备好的告白丢进垃圾桶，戴上墨镜，顶着冷冰冰的面部表情，目不斜视地从自己心爱的人面前走过。你每天都小心翼翼地隐藏着即将燃起的爱情火焰，并在每次回到家的时候，看到父母轮番上演的恶战，再次浇灭了那份爱情之火。

一些人，明明内心已经被爱情的火焰吞噬，可依然一副拒人千里之外的表情。安安是一个生活在单亲家庭里的孩子，从她懂事的时候起，她就每天目睹着父母的唇枪舌战，甚至兵戎相见。

让安安印象最深的一次是，在父母亲吵得不可开交的时候，母亲一怒之下，拿起身边的水果刀划伤了父亲，父亲因此在医院待了半个多月。出院之后，父母虽然没有离婚，但是父亲经常地夜不归宿，直到有一天，自己和小朋友在街边玩耍的时候，看到父亲搂着一个水蛇腰的年轻女子。

安安跑过去，在父亲的手臂上留下了一个深深的牙印。从此，父亲跟母亲分道扬镳，安安和母亲一起生活。

从父母离婚的那一刻起，安安就发誓自己以后绝对不能相信那些花言巧语的爱情。现在的安安已经是一位二十几岁的妙龄少女，但她依然坚守着她当初的那份誓言。虽然她早已经爱上了自己现如今的好朋友民，虽然也想过给自己一段不一样的爱情，但是每当她想和民牵手的时候，都会想起父母亲的爱情，于是尽量地避而远之，承受着心理上的折磨。

爱情并不是一种传染病，人生很短暂，跟着感觉走。遇到一个属于自己的人，聆听一些关于爱情、关于一生的承诺，享受一段甜蜜而又美好的幸福时光，到最后，你会发现，爱情其实并不像你想象的充满背叛和痛苦。

所以，不要再让自己沉浸在父母不幸的阴影中，不要再为上一代的错误买单。勇敢一点，找一个自己爱的同时也深爱自己的人，踏上一段只属于你们两个人的爱情之旅。等到那时你就会发现，上一代的不幸已经随着时光而走远，珍惜当下，勇敢地面对爱情，接受爱情，你才能真正地体味幸福的滋味。

你的爱情世界中，放不下太多的过去，承载不了上一代的恩怨和不幸。忘掉上一代的不幸，勇敢地走出去，不要在爱情面前装出一副无所谓的样子，让自己活在真实的感情生活中，这样会不会感觉更真实一些?

狗血偶像剧里的完美情人

“偶像剧”已经成为我们生活中不可缺少的一部分，你常常因为看到偶像剧中的那些完美情人，对自己的爱情产生怀疑，每天让自己活在疑神疑鬼或是不满的情绪中。

当你看到这些狗血偶像剧的爱情桥段的时候，你是否幻想，自己哪一天也能在街头拐角或是商场遇到一位帅气多金的钻石王老五，然后他不顾一切地来到你身边，你们共同演绎一段甜蜜浪漫的爱情故事。故事的结局是灰姑娘成功地上位，深得男主的心，最后共浴爱河，从此开始一段甜蜜、奢华的爱情之旅。

醒醒吧！这些王子与灰姑娘的狗血剧情只能发生在那些狗血的偶像剧中，而你，平凡的脸蛋，普通的身材，无论如何都不可能成为剧中的女一或是女二的角色。所以，那些偶像剧中的桥段即使破天荒地在现实生活中上演，也和你没什么关系。不要受那些狗血偶像剧中的完美情人的角色影响，刻意地包装自己，或是抱怨自己身边的另一半没有荧屏中的男女主人翁那样的外表与身价，给不了自己轰轰烈烈的爱情。

受电视剧的影响，你对自己的爱情要求越来越高，对自己的另一半的要求也越来越苛刻，甚至找对象的标准也由之前的追求感情上的互动转变成追求物质上的共鸣。因为偶像剧中的那些情侣们，总能因为一些巧合不停地给自己的另一半创造着惊喜，他们结婚的时候，有意大利限量版的婚纱，有上亿元的游艇，有 10 克拉的结婚戒指。

这些偶像剧中的剧情都已经成为你心中完美爱情的标配，所以当你把目光从荧屏上转到现实中来的时候，你看到自己有着婴儿肥的女朋友每天早出晚归，辛苦得没时间陪自己，你就会觉得呼吸不畅，胸口发闷，直接影响到自己的心情和语气。一些人受偶像剧的影响，总觉得自己身边的另一半不够完美，并想方设法地把对方打造成自己心中的完美情人。

小米是一个电视迷，她每天必须做的功课就是在下班之后，窝在沙发中看一两集偶像剧，并在看剧的过程中不时地给自己的男朋友发短信，“你以后也要经常给我送花”、“这次情人节到我家楼下用发光瓶摆一个爱心”、“结婚的时候要在礼堂中间摆放两根罗马柱”等。这些都是偶像剧中的桥段，剧中男主人翁如何对待自己的女友，小米就要求自己的男朋友也要照做。不久之后，男友因无法忍受小米的无理取闹的要求和小米提出分手。

爱情经不起攀比，承受不了比较，所以，在对待爱情的时候，应该抛开那些狗血偶像剧中关于完美情人的片段，他们的遭遇和经历只是一些舞文弄墨的编剧简单地动几下手指头的结果。而你，是一个生活在现实社会

中，你每天为了生计要把大部分的时间花费在你的工作上。所以，放开那些天方夜谭的想法，放下那些如泡沫般的完美情人的参照，回归到真实的生活中，这里没有王子与灰姑娘，只有努力争取幸福、心经营生活的现实人。

用狗血爱情剧中的完美情人的生活来复制你自己的生活，你会活得很辛苦，也会失真。现实生活中的富二代并不是都是高富帅，他们也有小短腿和三角眼，长腿欧巴们也不都是像李敏镐那样的痴情男，实中那些美艳的女子，也有可能存在着造假的嫌疑。

因此，你应该学会正视你现在的生活，不要让狗血的剧情影响了你的生活质量，偏离了你的生活重心。在你的世界中，没有灰姑娘和王子，但是只要你用心经营，你也可以用自己的行动和付出创造出属于你自己的完美爱情。

抱怨另一半的时候，擦一下自己的眼睛吧，把自己拉回到现实，当不了封腾，做不了薛杉杉，那就活在自己的真实世界里，收获属于自己的那一份美好。让那些不现实，让那些狗血偶像剧中的场景都滚得远远的！

被拒绝了？“呵呵”一笑释然吧

“啊！被拒绝了。”你自嘲地笑笑，然后笑着笑着眼泪便流了出来，你感觉内心空落落的，感觉世界瞬间黯然失色，所有的不快、惆怅都涌向心头，无法自拔。

这个世界上，不可能所有的事情都按照你预期的发展，当你满心欢喜地和别人表达你的爱慕之情，然后怀着激动不安的心情等待着结果的时候，可能会因为别人的一句礼貌的道歉而把你所有的梦想都打碎。

其实，不只是你，每一个被拒绝的人都会经历一段时间的悲惨时光：意志消沉、神情沮丧、苦恼、失望，看啥啥悲伤，吃啥啥不香，白天的时候不想出门，整日待在家中，不想听到有关那个人的任何消息，但是却有不自觉地想起。做什么都没有心情，甚至感觉自己的生活已经失去了希望。

在这个世界上，最伤人的感情就是：你在为对方上刀山下火海之后，对方却向你说出一句：“对不起，我们只是朋友！”

被拒绝之后的你，总是难以释怀，就像你辛辛苦苦花了很长时间和心血做出来的一项成绩，被别人一口否决，让你觉得这么久的时间都白费了。

也许，被拒绝之后的你会觉得，自己那么的优秀，为什么她却不喜欢自己？不过，你的优秀真的不能成为他爱的理由，你对他的爱，也绝对不是因为他的优秀、他的好而让你有爱的感觉吧？爱一个人不需要任何的理由，同样，不爱一个人也不需要任何的借口。

张然是酒店系有名的系草，许瞳是酒店系姿色平平的一个女生。他们虽然都是酒店系的学生，但是因为不同班的缘故，所以他们也很少见面。在大一军训的时候，张然留意到这个可爱大方的女孩，于是主动上前打招呼，许瞳虽说是有名的傲娇女王，但是对长得帅气的男生，依然没有什么免疫力。就这样他们从陌生逐渐变得熟悉，每次上大课的时候，张然就主动的帮许瞳占座，许瞳也会在每天放学之后，陪张然去吃饭。

俩人在这种似情侣式的交往中逐渐走过了大一，身边的朋友都说他们是郎情妾意，情投意合。于是，有一天，张然对许瞳表白，希望许瞳做自己的女朋友，一生的伴侣。但是，许瞳却对张然说："对不起，我们只是朋友。"张然被拒绝之后，一直无法释怀，他不相信和自己关系密切的许瞳竟然不爱自己，他更不相信自己的魅力遭到了质疑，他告诉自己，许瞳只是不敢承认。

张然甚至因此变得自闭，除了上课之外，就把自己关到宿舍里玩游戏，玩累了倒头大睡，他想用游戏和睡眠麻痹自己。但是，他常常在不经意间想起许瞳，想起许瞳对自己的拒绝，便会再次陷入痛苦的情绪之中。

其实，人生总有许多事情是你争取不来的，比如你手上只有一百元钱，而你看上的却是一件价值过万的东西，它们之间的价值差异就会让你慢慢地学会释怀。因为你知道，一件不可能得到的东西，即使你让悲伤逆流成河，它也依然不会属于你。

对待爱情也是一样，在一个不爱你的人面前，你的一切伤痛，一切的付出，对他来说都没有任何的意义。

纵使表白被拒的滋味会很苦，内心也会空空如也，但你也不要太失落，也要学着释怀。告诉自己，被拒绝又能怎样，你失去的是一个不爱你的人，这样你就又能得到一个机会爱别人，留意别人的爱。

人生的路上开满了爱的鲜花，总有一朵会为你绽放。当表白被拒绝的时候，淡然一笑，善待自己，在人生的不远处，有一份属于你的爱情在等着你！

唯有真诚付出，方能得到真爱

你常常仰天长叹“老天啊，请赐予我一段真爱吧”，然后你在一段又一段的感情游戏中受挫、失败，于是你哭着向天空喊道：“你个骗子，这个世界上根本就没有真爱”。于是，你哭丧着脸，整日闷闷不乐。

你一直把网络中那句“在恋爱中，谁先爱上，谁就会输得很惨”奉为爱情圣经。于是，你趾高气扬，像个高高在上的公主一样，不温不火地对待着经常向自己献殷勤、花时间制造浪漫的追求者。你总觉得爱情中没有平等，你觉得他所做的一切事情都是爱一个人应该付出的，然后当别人转身离开的时候，你感觉自己受到了冷落，生气地指责别人虚伪的爱情。

你想得到小燕子口中可以“化力气为浆糊”的真爱，想拥有一段轰轰烈烈、海枯石烂的爱情。但是，当令你怦然心动的人出现的时候，你又躲躲闪闪，压抑自己心中的那份感情，你害怕别人不喜欢你，你怕爱情会让你变得像电视剧中播放的苦命情侣一样，焦头烂额。于是，你自己躲在一个角落中，尽情地抒发你的纠结、难过。

你常常被父母逼着相亲，于是你在亲戚的介绍中，认识了一个“高富帅”，两人一拍即合，并谈起了一场以结婚为目的的恋爱。于是，你变成了某个人的“未婚妻”或是“未婚夫”，这种称呼让你逐渐安下心来，觉得自己终于有了一段感情归宿，不用再让父母担心了。可是，婚后你才发现，你们之间只有义务，没有爱情，于是，你歇斯底里地抱怨着自己的荒唐和可笑。

张果是朋友眼中的幸福小女人，她有一个对她百依百顺的男朋友李然。张果经常对李然呼来喝去，稍有怠慢，她就会大发脾气，并且痛斥李然的不是，但是李然从来不发脾气，经常乐呵呵地承受着张果的无理取闹。

张果觉得，李然对他所有的好都是理所当然，并且在肆意地享受着李然为自己提供的特大号的福利的时候，仍然对李然不冷不热的。因为她觉得李然很爱她，理所当然地为自己付出，他觉得李然就像自己的专属物品一样，永远都会对自己不离不弃，用不着劳心劳力地向他表示自己的爱意。

可是，有一天，李然竟然提出分手，他觉得在这一段感情中，自己爱得太过辛苦，所以想歇一歇。

他们的结局是张果万万没有想到的，她觉得自己像是被主人丢弃的玩具一样，在大风中孤独的飘摇着，失去了方向。张然离开之后，张果像是被抽走灵魂的玩偶一样，每天精神恍惚。

这个世界中，没有不劳而获，在爱情中也是一样，你如果怕承担爱情的辛苦而选择被动地接受爱情，那么你永远都得不到长久的爱情，你永远都会对这个世界发出“真爱难寻”的感慨。

所以，如果发现了有值得你去付出的人，或是值得你去珍惜的人，就勇敢地对他说出爱，然后把握时机向他表达你的爱意。承担爱一个人应该有的付出和责任，不要吝啬自己的付出和感情，这样你就能让对方看到你的真爱，你才能用真爱换真爱。

摘掉自己清高自私的爱情面具，主动去爱，你才能品尝到真爱的幸福滋味。

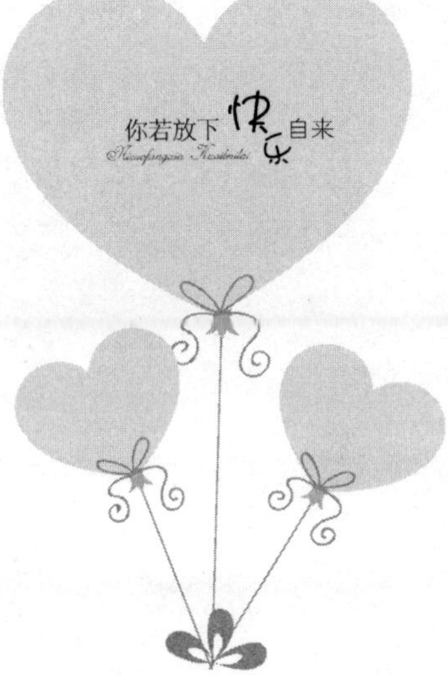

第五章　人际关系遭遇瓶颈
——赶走那个过于自我的自己

你常常抱怨，伤心的时候没有人可以说说心里话，快乐的时候没有人可以分享，你觉得自己就像个刺猬一样，没有人可以给你温暖的怀抱，你逐渐陷入了人际关系的瓶颈。

其实，这所有的一切都是你的自私造成的，你把自己的思想强加到别人的身上，说话、做事之前首先想到的只有自己，对利益的追求无止境，最终被孤独吞噬了所有的快乐。

赶走心中那个自私鬼，突破人际关系的瓶颈，让你的人生充满笑声。

世故、做作，谁愿与你做朋友

黑土对白云说：“黑就是黑，白就是白。人本来就很实在，为何出点小名就要飘起来。”

其实生活中，有很多的“白云”，他们吸收了人世间的浑浊之气，逐渐地把自己打造成一个世俗、做作的人，于是他们逐渐的发现身边的朋友越来越少，而臭味相投的“伙伴”却越来越多。

电影《山楂树之恋》开拍之前，张艺谋关于寻找女主角静秋的话题，一时间沸腾整个的娱乐圈。电影的副导演们跑了全国各大艺术院校，看了五六千个女孩子，结果都因为她们不够清纯，太过虚伪、世故、做作而不入法眼。最后，张艺谋相中了一位来自河北石家庄的正在读高三的学生周冬雨。他形容她：“虽然已经 18 岁，但是完全没有沾染世俗之气。”

《山楂树之恋》上映之后，人们记忆深刻的不是静秋与老三的凄美爱情故事，而是不沾染世俗之气的清纯玉女静秋。

天真可爱是人类的天性，但是有些人总是伪装自己，说一些自己不爱说的话，见一些自己不愿意见的人，小心翼翼地隐藏着自己真实的一面，每天戴着面具生活，悉心地把自己打扮成一个表面的老好人形象，背地里却两面三刀。这样世俗、做作的人，理所应当没有朋友。

不知何时，你发现自己也慢慢地披上那个了世故、虚伪的外衣：明明领导穿了一件西红柿配黄瓜的衣服，又红又绿的，难看得要死，你还要非得说成红花配绿叶灿烂无比；明明领导做了一个烂得不能烂的决定，你还要说什么“吾皇英明”；和朋友一起出去吃饭的时候，你明明已经经济拮据，却还第一时间抢着买单，拒绝朋友提出的AA，然后在接下来的一个星期里，你恨不得把一包泡面切成三段，维持自己的一日三餐。

看吧，因为受环境的影响，你已经褪去了那份单纯青涩的外衣，你也已经成为当初自己咬牙切齿痛恨的俗人，那些原本围绕在你身边的陪你欢笑、陪你痛苦的朋友也渐渐地离你而去，只剩下一些陪你大口喝酒，大块吃肉的“酒肉朋友”。

这样的生活真的是你想要的吗？为什么要伪装自己说不愿说的话，做不愿做的事？为什么不能发自内心的与人交流、处事？人们逐渐变得嫉妒、虚假、做作、世俗、厌倦，这个社会上有些人真的太世故、太假了，他们每天勉强自己和不喜欢的人客气地打招呼、客气地说话，可越这样，就会让别人觉得越假，他们无论做什么事情都有自己的目的和利益，他们对你说的话，你也会觉得没意思。

庞晓静刚开始到公司的时候，有很多的好朋友，他们都感觉她温柔善良，善解人意，无论和他说什么话题都能引起她的共鸣，所以同事们都觉得跟她交流特别有成就感，跟她相处也会特别的融洽。

但庞晓静是个聪明的女人，她从来不会因为一个人的牢骚和言语改变对另一个人的看法，但她也不会否认这个人的言论。所以她常常发扬她的泥鳅个性，当面一套背地一套，总让你觉得你是她推心置腹的好朋友，让你觉得她处处都在为你着想，让你觉得她是一个值得深交的好朋友。

有一次同事跟她抱怨工作的不顺心，老板的不仗义等所有工作不满的事情，她积极地响应，并和同事热火朝天的发泄对老板的非人性化管理的不满，对工作没意义的感叹。于是同事建议辞职向老板抗议对工作的不满，庞晓静满口答应，并赞不绝口这是一个好主意。

朋友在这次的交谈中热血沸腾，一个人跑到老板办公室，理直气壮地说："我不干了。"然后潇洒地离开，并用暗语表示等着庞晓静的好消息。

可是当庞晓静被叫到老板办公室被问到对公司是否有什么意见的时候，她却笑容谄媚的对老板夸奖公司的各种好，就差五体投地的大呼"老板英明"。

然后她走出老板办公室，告诉等着自己好消息的同事说："老板不让我走，不过我也不会久待的。"

渐渐的，同事们都知道了庞晓静世故圆滑的个性，于是对其避而远之。从此，庞晓静觉得自己像个被隔离的传染病患者一样，孤独无助，也因此变得抑郁起来。

在人际交往中，要保持一份真诚，不要学着别人说一些违心的话，做一些违心的事，那些阿谀奉承，没事拍拍马屁的小人，是君子的就不应该与他为伍。不要等到别人指着你的鼻梁骂你"贱人就是做作"的时候，才歇斯底里地吼道："我不是那种人!"

人生太过复杂，但也要保持自己的那份美好，且行且珍惜!

多一些宽容，多一些朋友

“哎呀!”随着一声叫喊，车厢里的人都把目光转向车厢内的一位女青年。

“你眼瞎了？没看见踩到姑奶奶的脚了啊?”女青年先是眉头紧锁，然后怒目圆瞪地对着一位中年男子吼道。

“你会不会说人话?”中年男子也不甘示弱。

中年男子话音刚落，女青年就满面怒容地说：“找打呀？踩着人你还有理了。”

就这样，两个人抡圆了胳膊，在车厢内大打出手，女青年因为学过武术的原因，一巴掌把中年男子扇倒在地，不省人事。

每一个悲惨结局的背后，都有两个或一群不懂宽容为何物的人。因为他们的不懂宽容，不懂得理解，所以他们身边存在的大都是一些敌人或是随时都有可能被点燃的“隐形炸弹”。

在他们的心中，没有容忍，因为那样会让他们自己受到伤害，让他们的内心感到不踏实，感到委屈。为了避免这种“自我体罚”的现象在他们身上发生，他们把自己包裹成一个刀枪不入的高混合材料制成的机器人，对每一个让自己不舒服的人都奋起反击。大有一种“顺我者昌，逆我者亡”的感觉。

还有一群人，他们是“自私”的粉丝，每天打着“唯我独尊”的旗号，在世间的大道上横行直撞。坐公交车的时候，哪怕看到站在身边吃力地攥着扶手，仍然跟随着公交车晃动的节奏摇摇晃晃的老年人，他们依然能够翘起二郎腿，塞着耳机，坐在“老弱病残”专座上悠闲地看着窗外，完全忽视身边的人。他们在跟别人冲突或是摩擦的时候，总是率先看到别人的错误，并自以为是地把这些错误无限地放大，哪怕是别人在说话中的一个发音错误，他们都能借此发挥自己的口才优势，势必将别人“置之死地”。

这样的人，就像是被打了传染病毒的受体一样，浑身散发着“斤斤计较”的病毒分子。所以，理所当然地没人愿意跟这样的人把酒言欢，成为无所不谈的朋友，毕竟谁也不想享受这种“玩火自焚”的愚蠢。于是，他们在交际圈中，只能做个“孤家寡人”，享受一个人的狂欢，永远不可能有人会想“飞蛾扑火”和他成为朋友。

这个社会上，有一种人，他们苛刻、挑剔、自私、斤斤计较；但也有一些人，他们宽宏大量，对任何事、任何人都能设身处地地为别人着想，他们收获了许多的赞扬，也收获了许多的朋友和知己。

在美国，有一个韩国学生在夜晚出去寄信的时候，被 11 个不良少年围起来暴打，最后这个学生被打死了，11 个少年也被抓起来关进了监狱。但是，死者的家长却给监狱的局长写了一封信，希望监狱尽可能地减轻对这几个孩子的惩罚，并捐出一笔基金，作为这几个孩子出去后的学费，他希望这些残暴、野蛮的少年能够接受正常的教育，弃恶从善。后来这 11 个孩子都主动要求承担这个拥有宽大胸怀的父亲的儿子的义务，照顾他直到终老。

宽容，并不是简单的道听途说，而是真实的行为表现。现实生活中，有多少人像文章开头的女青年那样，斤斤计较，对别人踩到自己脚的这种生活小事破口大骂，丢了一个人该有的素质；而又有多少人，能够像死者的父亲那样，拥有宽容的美德，博大的胸怀，在收拾自己悲伤的同时，能够给予对方一个改正错误的机会。

在人的世界中，请收起你那苛刻、刻薄的丑恶嘴脸，没人会在看到你的“惨不忍睹”的丑陋的灵魂之后，还死心塌地留在你的身边，牵着你的手说：“你若不离不弃，我必生死相依”。

当别人让你不爽的时候，试着原谅对方，不要拿别人的错误惩罚你自己，用你的大度与宽容，征服他的斤斤计较、小肚鸡肠，并让对方对你“甘拜下风，俯首称臣”，这样你会不会感觉“生活如此多娇”？

为人处事，拿捏好分寸

“得寸进尺”、“蹬鼻子上脸”，我们经常用这类的词语形容我们身边一些说话、做事没有分寸的人，他们所到之处，总能让人不自觉地拉长呼吸，握紧拳头，极力地平复自己的情绪，而一旦他们离开，我们又恢复了“人间四月天”的状态。这样的人，为人处事总是不懂得掌握分寸，给人一种不自觉疏远的冲动。

其实，生活中有很多这样的人，他们总是把自己的真实情况藏在背后，说一些类似于吹牛的谎话，来展示自己的实力，好像身边的人都只是见他一面的陌生人，似乎这样的谎话会让他的人生感觉更有面儿，也更有范儿。但是一旦他转身离开，便有一大群人指着他的后背批评他所有的不是。

还有一种人，他们在跟你简单的接触了两次之后，便对你指手画脚，好像你跟他的关系仅是建立在利用的基础上，而这种利用的基础又只限于单方面。他们自以为是地只在乎自己的需要，全世界都应该像他们伸出援助之手，这样的人已经丢掉了人性最基本的操守，恬不知耻地在人际交往中扮演着乞讨者的角色。

这样的人，总是拿着人际关系的标尺，然后拼命地越界，久而久之，他们已经习惯了这种没有分寸的生活，没事和半生不熟的人吹吹牛皮，向身边的同学或是同事晒晒自己刚买的 LV 或是刚换的比自己大了十几岁的男朋友，或是调戏下朋友的女朋友，又或是喝完酒之后躺在大马路上耍耍酒疯。这样的人在社会中随处可见，他们早已经习惯身边人对自己的态度，习惯了自己吊儿郎当的生活方式，习惯了被别人贴上“没分寸”、“混蛋”的标签。

吴云云光荣地被评为办公室中的“定时炸弹”。办公室中的人几乎没人能忍受她的坏脾气，所以，他们经常在背后对她大放暗箭。

吴云云是一个典型的暴躁狂，原本安静的办公室，当所有人都在集中精力做自己的事情时，突然听到一句几乎可以响彻整栋大楼的谩骂，充斥着每个人的耳膜，人们纷纷眉头紧缩很有默契地向着吴云云的方向做着不满的表情。

她常常在跟朋友聊天的时候，因为朋友的一句话而爆发，然后不管不顾地随时发扬自己河东狮吼的精神，导致办公室内的所有人都对她的声音异常地敏感和讨厌。

除此之外，她经常不打招呼就拿起同事桌上的东西据为己有，甚至同事刚刚买来还没来得及送入口中的早餐，她都能十分熟练地打开包装，咬上一口，然后边赞叹边把食物还给别人。

因为她的种种过分行为，她常常跟同事或是朋友上演世界大战，自己也因此被屏蔽和冷落，受尽同事们的白眼。她也为此感到非常生气，生活也觉得无趣。

其实，分寸并不是每个人天生就具有的一种能力，它是长期的习惯养成的，在你跟别人交往的过程中，通过观察别人的眼神去判断什么事该做，什么事不该做。这些都是需要你自己去领悟的。但是偏偏有一些人，他们在公共场合里，高谈阔论显摆着自己的音色和音量，让周围的人都皱着眉头避而远之，当你告诉他们请注意场合的时候，他们却还理直气壮地白了你一眼“贱人就是矫情”。这个时候你真的想发挥你乐于助人的精神，为他们恶补一下学校中被落下的思想品德课。

这样不懂得拿捏分寸的人或许活得很潇洒，但是却在肆无忌惮地解放自己的时候，给别人投下了一颗不自在的种子。这个世界不是某一个人的“城池”，你也不是一个人在生活。

不要再让“没教养”、“自私”、“没分寸”成为别人对你的评价了，揣着分寸与人相处，你会发现，骂声少了，白眼少了，生活也更加的美好、快乐！

都是朋友，吃点亏没什么

“吃亏”作为人际交往中的一个通病、弊端，几乎存在于每一个人的生活中。这种常见病会使那些自私的人陷入一种怪圈：他们用心良苦、机关算尽，就是想在与别人交往的过程中，得到自己的好处，并且全身而退。一旦在防不胜防的时候，吃一点亏，他们就会暴跳如雷，抱怨别人的“小人”，后悔自己被人“趁虚而入”。

有些人，在与别人交往的时候，总是坚持以自我为中心，凡是对自己的有利的事情就积极地去做，对自己不利，让自己吃亏的事情坚决避而远之。在他们的心中，不吃亏，是自己的人生准则。一旦他们觉得自己吃了亏，便会做啥啥没劲，吃啥啥不香，做梦都想把自己吃的亏十倍百倍地补回来。并且发誓，今后再也不做吃亏的事情。

有些人，他们天生就是一个吝啬到“中毒”的人，他们交友的唯一准则就是，朋友是拿来利用的，而自己是不能被利用的。这样的思想，使它们逐渐变成一个势力的人，他们每天在那些高高在上的人面前，扮演一个小丑一样的角色，并且乐此不疲地接受着“贵友”们的赏赐。

但是，这样他们真的能收获自己的友谊吗？感情是需要双方付出的，如果因为害怕吃亏，而把自己付出的那一端堵上，只接受别人思想上的馈赠和物质上的“赏赐”。那么，你就会因为“营养”过剩而患上一种病。这个病会让你像是患上了埃博拉病毒的患者一样，所到之处，人迹罕至，这个时候，你将无法再获得那些“馈赠”与“赏赐”。

没有一个朋友会傻到永远用自己吃的亏来填补你的自私。

薛姗姗是一种典型的“爱占便宜，吃点小亏就难受”的人，她无论是跟自己的朋友还是同事在一起，总是坚持着“不吃亏”的原则，她觉得吃亏是一件很傻的事情。

她经常和朋友一起外出 Happy 的时候都是朋友掏腰包，而她理所当然地今天吃着这个朋友请的大餐，明天愉快地喝着那个朋友请的小酒，但她从来不觉得过意不去。

每次到结账的时候，她都会借口说自己肚子疼或是不舒服，然后自己一个人跑到厕所玩了半天的手机。每次等她出来的时候，那些痛快的朋友都已经把账给结了，而她还故作生气地说：“不是说我付的嘛，真是的！”

朋友们都知道了她的脾气，所以一起设了一个局，想让她体会一下吃亏的滋味。朋友们约她一起吃饭，结账的时候，她又借口跑进了厕所，出来的时候朋友们像往常一样在收银台等她，她走过来，生气地说：“你们真是的，又不让我结账。”

朋友们笑着说：“没结呢，这不等你吗？”

结过账之后，她感觉自己吃了大亏，耿耿于怀。

现实生活中有许多像薛姗姗这样的人，如果自己吃亏就会觉得很郁闷、苦恼，觉得自己像是被别人拿走了心爱的玩具一样，浑身上下充满着抱怨。为了不让这种坏的情绪影响自己的心情和生活，所以他们扎紧自己的口袋，宁愿做一个只进不出的“小人”。

在这个社会中，吃一点亏，并没有什么，何况是对自己的朋友，他们曾经在你最艰难的时候，向你伸出援助之手，在你受伤的时候，奋不顾身地为你两肋插刀。所以，为这样的朋友吃点亏，并没有什么过不去，反而你会收获更多。

成人世界里，无需很傻很天真

“傻”、“天真”，当你被这些词语形容的时候，你一定愤然起身，生气地说：“说谁傻呢?”或者从鼻子里发出一声冷笑的抗议。你觉得，很傻很天真是形容孩子的修饰语，而一个年龄打对折还超龄的成年人被别人贴上这种标签之后，总觉得是对自己智商的深度质疑。

但是，当你的好奇心被某些事情趋势，理智被利欲熏心淹没的时候，你的傻和天真为那些骗子们找到了牟取暴利却又能全身而退的方法……

网络上一个自称青年才俊的帅哥或是有沉鱼落雁之容的美女给你发一个文件，告诉你打开后将会有意想不到的惊喜，你是否迫不及待地接收?

打开手机，突然看到一个陌生人给你发来短信，说你的银行卡已经透支，必须要尽快地把钱打到某个“黑心老妖”那里，这个时候，你是否心急如焚，坐立不安?

打开某个抽奖页面，页面弹出“恭喜你，你已经中奖”，然后让你填写账号密码，你是否乖乖地把你的账号连同密码一并奉上，并满心欢喜的等待着那笔意外之财能出现在你的账户里?

你是否每天都会在固定的时间来到体彩的门口，花上十几块钱买几注体育彩票，然后像长颈鹿一样仰着脖子看显示屏上的开奖号码，并在心中默念着自己能中百万大奖?

虽然大多数的人都对上述天上掉馅饼的“好事”见怪不怪，一笑置

之，但依然有一些“很傻很天真”的成年人在这些“游戏”中上了当。

七年前的“艳照门”事件让昔日有着可爱笑容的阿娇陷入了痛苦的边缘，她被娱乐圈封杀，被经纪公司雪藏，像个冬眠的蛇一样，每天开足空调，蜷缩在被子里。现在的她在被问到昔日往事的时候，她只是说：“那时的自己很傻很天真。”

因为对陈冠希深深的爱，让自己对外界的防范意识降低为零，才会导致轰动整个娱乐圈的“艳照门”事件的发生。

现实生活中有很多的“阿娇”，在爱情的道路上，满心欢喜地牵着自己爱人的手，盘算着一生一世，但是对方却在得到了自己想要的之后，把你当作足球一样，一脚踹开，让你有多远滚多远。

在成人的世界中，请收起你的很傻很天真，在这个现实的社会中，随处可见雪姨或是容嬷嬷的身影，他们两面三刀，像个变色龙一样存在于你的生活里，而你一不小心都会成为被他们欺骗的对象。

你在人生的道路上欢快的蹦跶着，你对身边的每一个人都微笑着露出一颗小白牙，你喜欢用天真、单纯装扮你的人生，在别人夸你“很萌很可爱”的语句中，你觉得自己像个受人喜爱的“物种”一样鲜活地存在着。你扮演着“透明人”的角色在这个社会上雀跃着，希望自己是个快乐的天使，可以把自己身上的快乐传递给周围的每一个人。

其实，这样的生活方式已经不适合在这个被浓厚的欲望污染了的社会，你应该保持一个成年人应该有的戒备和思维，远离那些“垃圾人”和“心怀不轨者”，并保持清醒的头脑，在这个社会中小心翼翼地生活。

一些人总是披着善良、单纯的面具，他们把自己邪恶的一面隐藏起来，每一句话或是一个动作都在表现“为你好”的字面意思。但是这些狼外婆的外衣，只是装给别人看的，在微笑、慈善的皮囊背后，邪恶已经蔓延全身。2014 年，各地陆续出现了一些女大学生“失联”的事情，她们大多是因为乘坐黑车或是轻易地相信一些陌生人，所以导致自己身心受到伤害，甚至赔上自己的性命。

这些女大学生都已经是成年人，为何却还会频频遭到如此的毒手？

其实，在这个社会中，并不是每一个人都有人类基本的操守。有的人，明明就是一潭浑身散发着腥臭气体的污垢，却还喷上“慈善”牌子的花露水，然后诱骗一些很傻很天真的成年人深陷泥潭，忍受着令人作呕的腥臭气味。

从现在起，让那些傻和天真都见鬼去吧，成熟一些，向社会说一句“爷已经成年，不要再用你那虚伪的嘴脸挑战我的智商”。让自己多一份冷静，多一些思考，这样你就能安全一些，快乐一些。

爱笑的人，人际关系不会太差

“笑”是一种和情绪、心情、状态有关的简单的面部表情，只要扯动面部的肌肉，弯动嘴角，露出一排小牙齿，就能完成一个简单的微笑动作。这个动作又被称为现代人际交往中的润滑剂和催化剂。所以，爱笑的人，人际关系不会太差。

但是，生活中总有一些人，他们每天板着一副像是刚从冰箱中拿出的脸，在和别人的交流或是沟通的过程中，扮演着“面瘫”患者。与这样的人交流，会让人不自觉地陷入一种阴森恐怖的氛围中，你永远不知道他的心里在想什么，是否对你的语言赞同。这样的人，会让你不自觉地想要远离，然后在转身离开的时候，在心底打上一句“后会无期”的字眼。

其实每一个人都喜欢跟爱笑的人交流。当你满心欢喜地看到对方，并微笑着和别人打招呼的时候，别人会觉得你很有礼貌，很有教养，微笑也像明媚的向日葵一样，感染者所有的人。但是和一个不会微笑的人交流，你就会发现自己原本的好心情也受到了影响。比如，你看到一个同事，笑容可掬地和她打招呼，可是当看到对方摆出一副冷若冰霜的“死人”脸的时候，你所有的好心情都在瞬间消失得无影无踪，心情也会变得像刚从炭火上拿出的烧得浑身通透的铁突然被放到冷水里一样，从头到脚，一片冰凉。于是，在你下次见到他的时候，就会想方设法地绕道而走，不想让他的表情再次影响到自己的心情。这样让人“仅此一次，下不为例”的人，如何能获得很好的人际关系？又怎能传递给别人快乐？

其实，在人际交往中，每个人都有着自己的目的，想从对方那里获得交往的快乐，想用另一个人的温暖帮助自己驱走孤独和冰冷。所以带着这些目的寻找交际伙伴的人，绝不会“自残”到寻找一个冰冷的雕像。

所以，不要整日把你对社会的不满，把你的坏心情挂在脸上，没人欠你什么，也没人愿意看着你千年不变的面容，还微笑着对你说“我们聊聊吧，很喜欢和你谈心呢”。

当受到这样的控诉，你也许会说，你不喜欢把那种虚假的微笑挂在脸上，你不知道对一个陌生人或是只见过两面，抑或是强忍着自己的伤痛跟别人微笑有什么意义。但是，你觉得这样的你能在朋友圈中获得很高的人气吗？换做是你，也许你也不会希望每天对着一个哭丧的脸。

小天经常被人在背后议论，“冷面怪物”、“倒胃口”这类型的词语都已经成为许多人给他贴上的标签，所以小天经常是一个人，并且很多的小朋友都害怕他。

但是，小天并不是一个坏人，相反他还很有爱心，只是他天生不爱笑，总觉的对别人莫名其妙地微笑是一件很奇怪的事情。久而久之，他也不会微笑了。小天养了好多的宠物，他非常渴望像别人一样，有良好的人际关系，每天下班之后，能有人打电话让他出去喝一杯，或者是烦心的时候能掏出手机，随便的拨出一个人的号码，向对方发泄自己的不快。但是这些对于小天来说，都是奢侈。因为他手机上的号码，除了亲人之外，就是一些外卖的电话。

生活中有很多人就像小天一样，不想在自己不想微笑的时候，还要装出一副乐呵呵的样子，微笑着和身边的人打招呼。但他们不知道，在这个不加修饰的黑白的世界里，没有人会花时间剖析你的内心，也不要指望别人忽略你冰冷的表情，带着一腔热血，和你成为莫逆之交。

微笑，是人与人相处最好的名片，如果你不会微笑，就不要抱怨自己的人际关系太差。世界上除了生死，都是小事，不要计较太多，从现在起，开始微笑吧！

想交朋友？先收收自己的小性子

“我们都彼此考虑一下吧，也许我们不适合在一起。”沈涛对苏筱月说。

一年以前，沈涛不顾身边朋友的劝阻，费尽心思的追到了自己的同事苏筱月。那个时候，沈涛发誓会一辈子对苏筱月好，可是刚刚过了一年，沈涛就决定和苏筱月一刀两断。他们分手的原因并不是没有爱了，只是沈涛觉得自己已经身心疲惫，因为苏筱月动不动就要些小性子。

当自己工作忙的时候，如果没有及时地给她回电话，她就会生气地将沈涛从自己的通讯录中删除，并玩起失联，每一次沈涛都会为了哄她而筋疲力尽。和朋友一起出去吃饭，只要朋友选择了她不喜欢的地方就会毫不掩饰地撂脸子，或是拿起包包直接走人。朋友有一句话说的不对就立马大吵大闹，有时甚至和朋友进行长期的冷战，并要求其他人全都站到自己这边。就这样，身边的朋友也都因为她的无理取闹和小性子都离她而去。

现实生活中，有很多像苏筱月一样的人，他们任性、蛮横、无理取闹，生活中只要有一点让他们不愉快的事情，他们的小脾气就会像“植物大战僵尸”里的僵尸一样，一波接一波地向你袭来，直到你筋疲力尽，忍无可忍。

他们让你往西，你就只能往西，哪怕你方向不准，路线有一丁点的偏差，他们便会抓住你的小辫子，把你批评得一无是处，然后时不时把你的缺点和错误拿出来，暴露在阳光下，让所有的人都参观你的愚蠢和可耻。他们一遇到有点勉强或是让他们心理“堵塞”的事情，他们便会向不同的人抱怨自己的遭遇，并在接下来的几天内都“感时花溅泪”，霸道地把自己的情绪一股脑地全部倾泻给自己的“情感垃圾桶”式的朋友。

如果换做是你，你愿意接受这样的朋友吗？

你难道愿意一接到电话就是朋友要死不活的抱怨？你难道想动不动就看到朋友撂给你的驴脸？而且还在你莫名其妙的根本不知道哪又惹到他的情况下。稍微有一点怠慢，他就大吵一架，然后摆事实讲道理，故意地把所有的过错都集中到别人一个人的身上，还恬不知耻地把自己打扮成一个“受害者”。只要是受一点委屈，就满世界找人哭诉，或是给自己灌下一肚子的酒，借酒发疯，把所有的人都弄得不得安生，大有一种“鱼死网破”的情怀。有时候还会因为朋友一句漫不经心的玩笑话，就感觉被人抛弃了，然后寻死腻活，一哭二闹三上吊地发泄自己心中的不快。

你希望所有的人都按照你所铺设的路线走，让所有的人都按照你的计划生活，像伺候慈禧太后一样伺候着你，并随时讨好你，把你所有的要求都当成圣旨一样去遵守？你希望每个人要像个任你摆布的玩偶一样，对你的所有指令都以一百二十迈的速度去完成，这样你才能满意？

你是否认为自己是已经穿越到古代的皇帝或者太后，每个人都要根据你的命令做事，“违令者斩”。醒醒吧！别人对你的仁慈，并不是你肆无忌惮的理由，别人对你的友情，也不是你为所欲为的筹码，不要总以为自己的一个呼吸，就能让全球变暖，自己的一个喷嚏，就能引发地震或是海啸。

想获得更多的朋友，就收起自己的小性子，不要整天的看这个不舒服，看那个不顺眼，谁都不是人民币，可以满足所有人的喜好。与其浪费时间、浪费精力在某件事情上较真，还不如花点时间回家做个面膜，或是约三五个朋友唱唱歌，既能赶走自己的坏心情，又能与朋友培养培养感情，岂不更好。

心情不好时，向生活缴械投降吧，暂时妥协，轻松地舒一口气，轻轻地告诉自己：“生活如此美好，我却如此暴躁，不好不好！”不要再像个小刺猬一样，刺伤身边的人，否则你将一无所有。

与人交往，平等是关键

现在的人在与人交往的时候，早已把“平等”的思想丢在一边，在下级面前表现得“高人一等”，在上级面前“点头哈腰”。他们看到比自己官位高的人就拼命地巴结，把自己打造成一个十足的“马屁精”，在领导面前上蹿下跳，一会夸赞领导今天穿得英姿飒爽，一会又夸奖领导的决定“英明神武”，就差五体投地地大赞“领导圣明，领导威武”了。可是，当走出领导的办公室，走到自己的下属面前的时候，又开始挺直腰杆，扯着嗓子喊：“去外面帮我买一杯星巴克的拿铁，十分钟后回来。”接到“工作任务”的小职员只能马不停蹄地从十几楼下到一楼，然后一路小跑把刚刚扮演过孙子又出来装大爷的领导要的咖啡放到办公室，还要被领导骂“动作太慢”。

还有一些人，在胸前贴上亲爹的名字、身价和职位，在交往中和别人进行“拼爹”的游戏。他们打着“富二代”、“官二代”和“星二代”的旗号，在交际圈中“大放光芒”，引来了许多势力者们的簇拥和巴结。所以在娱乐圈中，一些有姿色但没有身价和后台的女星们，目光灼灼的在众星捧月的娱乐圈中疯狂地寻找着自己的“干爹”，因为只有在这些干爹的帮助下，她们就有足够的实力与其他小伙伴们一起玩“拼爹”或是炫富的游戏了。

何军是某市长家唯一的儿子，他从小就经常看到许多西装革履或是珠光宝气的达官显贵，经常看到有人到自己的家里拍父亲的马屁，有时甚至会讨好自己，一口一个“小少爷”地叫着，并十分谄媚的询问他的喜好。

在这种氛围中，何军逐渐变得清高、自傲，总觉得自己怎么着也算这个城市的太子爷。所以何军在跟别人交往的时候，总是把自己高高的架起来，总觉得自己应该受到“万民敬仰”，对朋友指手画脚，呼来喝去。导致他的朋友都对何军的行为感到非常的痛恨，但碍于他父亲的颜面，对他“吩咐”的事情也不敢不做。

有一天，何军在“朋友”的引荐下，认识了一位毒贩子，并在他的诱惑和激将下，吸食了毒品。两个月后，当何军吸毒成性的时候，“朋友”报了警，并进行了媒体的曝光，从此，何军脱离了父亲的庇护，开始了监狱的生活。

现实生活中也有很多像何军一样的人，他们清高地把所有的人都不放在眼里，总觉得朋友也应该是建立在“门当户对”的基础上。为了显示自己的身份，他们“炫富”，为了显摆自己的地位，他们又引出了“拼爹”，为了让自己享受人上人的快感，他们自以为是在交往中把自己的身份抬高，只把别人当做是自己的“奴才”或是“跑腿的”。

可是，每个人都是赤条条地来，然后什么也不带地走。人都是一个鼻子两个眼睛，没有人是生来就仰着你的鼻息过活，也没有人愿意这样做。放心，那些跟在“清高”的你身后打转的人，并不是被你的容貌气质所打动，更不会把你放在心里尊敬着。在这个世界，金钱、地位是不平等的，平等的是人心。你怎么对别人，别人也在心里怎么对你。

所以，在与别人交往的过程中，请放下你的小清高和小自傲，也许在别人的世界中你根本什么都不是。并且，清高和自傲会让你失去同人相处的真诚和快乐，平等地和别人相处，你会发现，最朴素的生活原来这么轻松。

说话有技巧，圈子“涨粉丝”

说话是一门艺术，也是一门技巧。会说话的人身边总是能集聚一大批的粉丝，他们都夸他说话有涵养，能引起人的心灵共鸣，但总有一些人，他们被人们“嘉奖”为“毒舌”或是“欧巴桑”，人人避而远之。所以，只有那些说话有技巧的人，才能享有“暖男”、“知性”的称号，并且有不断蹿升的人气和居高不下的“粉丝”增长率。

一些人知道在什么样的场合说什么样的话，明确知道什么该说，什么不该说，怎么说才能让人理解，什么样的语气能避免别人的反感，勾起聆听者的兴趣。他们在开口讲话的时候，总能抓住对方的思路，言之凿凿的为对方解决麻烦，说话的时候注意关注对方的表情变化，准确地拿捏轻重缓急，很快的消除别人的顾虑，让对方有一种“朋友”、“温暖”的感觉，让别人能够被他们的说话艺术释放出的魅力所吸引。

但是也有一种人，他们总是以自己为中心，想怎么说就怎么说，想说什么就说什么，在开口之前从来都不会想过要为自己说过的话买单，甚至在遭到别人的白眼和反对之后，依然能够理直气壮地说：“我又没说错”。这样的人不分场合，动不动就把“靠”、“傻”、“有病”放在嘴边。有时候明明就是好心想要劝劝别人，可结果往往被别人理解为是在“伤口上撒盐”、“幸灾乐祸”。

徐晓常常被人评价为“火星人”，因为他不太懂得该怎么说话，往往和别人说着说着就不知道自己下一句应该说些什么，或是经常在人际交往中扮演着聆听的角色。所以，身边的人都说他是个“语言障碍者”，没人愿意与他交流，因为他们都觉得从他身上获得不了人际关系交往的快感。

徐晓因此非常的苦恼。有一次朋友给他介绍了个女朋友，让徐晓与对方见个面，徐晓一眼就看上了对方，白白的皮肤，清新的装扮，简单的妆容，这些都让徐晓觉得非常的舒服。女孩对徐晓的印象也非常好，觉得他很有安全感，笑起来也非常的温暖。

但是当两个人在一起聊天的时候，徐晓把自己“不会说话”的特点准确无误地暴露给对方，徐晓在跟她交谈的时候，不敢看她的眼睛，说话也总是含含糊糊的，没有重点。所以，几个小时的聊天下来，对方根本不知道他在说什么，甚至有几次自己在说话的时候，他还三番五次地打断她的发言。

所以，徐晓就这样“轻而易举”的参加了对方举办的“淘汰赛”，并且被对方无情地贴上“禁止牌”。

其实，生活中有很多像徐晓一样“不会说话的人”，他们以自我为中心，在别人讲话的时候，随心所欲地插嘴，并理所当然地认为自己的发言

会比别人的长篇大论更让人感兴趣。在与别人交谈的时候总是用些“你知道吗”、“明白吗”、“懂吗”等词语表现自己的才高八斗，这样的人总能在别人心情愉快的时候，用自己的言语勾起对方的负面情绪，就像是一个皮肤病毒的携带者，所到之处，总能引起一群人的不适。

如果是你，你也不可能愿意和这些天生以自我为中心，凡事只为自己考虑的言语自私者聊天，你会不自觉地想要刷新自己的朋友圈，迫不及待地取消对他的关注。

所以，不要让自己成为别人眼中的“语言障碍者”，更不要让别人在你嘴唇即将张开的时候，就已经有想坐火车离开的冲动，不要让你的话语成为别人吐槽的对象。与人交流的时候，不要得理不饶人以为自己所有的观点都是毋庸置疑的，更不要像宋丹丹扮演的陪聊老太太那样，在张口露出自己不健全的牙齿的时候依然炫耀着自己的“浑身名牌”。

从现在起，把你沟通中的那些自以为是和唯我独尊的思想全都抛开，没人会喜欢在交流中把自己打扮成一个全职的聆听着，亦或是一个被你扒开伤口撒盐的对象。当别人因为你那张惹人嫌的嘴儿取消对你的关注时，你会觉得涨粉对你来说是一件比“让刘能闭嘴”更难的事。

为了你的交际圈，为了你的人气能够成功逆袭，注意说话的技巧，这样你才能在与别人交流过程中让更多的人为你点赞，赢得更多人的关注。

人际交往中不要试图改变别人

“你算什么，对我指手画脚的？我早就受够你了，从今天起，老子不陪你玩了。”马路上，一位刚刚二十岁出头的小伙子对着电话大声叫嚣着，引来很多人莫名其妙的目光。

“指手画脚”这一贬义词作为一种人际交往的病症在每个狂妄自大、霸道蛮横的人身上都会体现。这种“高端大气上档次”的人际交往的病症又被称为“人际交往的隐形杀手”，患有这种病的人会不自觉地把自己幻想成王子或是公主，或是成天以“朕”、“寡人”自居。没事把双手背在身后，气沉丹田、压低音调对别人的行为进行批评和指导，并在别人的客套中，肆无忌惮地发扬着自己刚刚从《甄嬛传》中定位的“华妃体”。

然后当他第二天再次想过把“华妃”瘾的时候，已经找不到自己的“忠实粉丝”。活生生地把自己打造成一个孤家寡人，说白了，这种“众叛亲离”的现象就是“自私”、“霸道”所致，“在人际交往中试图改变别人”就是一种典型的“社交障碍症”。

岳小染是个霸道的主，从小娇生惯养，长大后，又因为自己老爹有钱有地位的原因，逐渐培养了自己的“公主病”——自私、霸道、冷漠，凡事以自我为中心，总是把自己的思想强加到别人的生活中，还得意洋洋地自叹自己的“聪明才智”。

对于她身边的人，无论是朋友还是八竿子也打不到一起的陌生人，她总是在看不惯别人的言语、行为，对别人“仗义帮助”，并且“良言相劝”式的干涉别人的生活，并感叹自己是个“路见不平”就会“拔刀相助”的“侠女”，大有“助人为乐”的风范。

有一天，岳小染被邀参加高中的同学集会，在聚会的过程中，她看到多年未见的老同学不禁对他们的行为进行大肆批评，说这个穿的衣服没有品味，应该怎样穿，说那个说话的声音太温柔，太文雅，甚至还批评起别人的性格和肤色。在别人握紧拳头的敷衍中，岳小染并没有认识到自己的不是，反而觉得自己发扬的就是活脱脱的雷锋精神，可是令岳小染不解的是，从此之后，同学们的聚会再也没邀请过她。

其实，生活中也有许多向岳小染这样的“华妃体”，他们看任何人、任何事都觉得“矫情”、“做作”，总是希望别人按照自己的想法做事，然后还要高呼“主子英明”。

生活中也有另外一群人，他们被人们亲切地称为“暖男”或是“知心女”，他们的朋友圈中总是有众多的粉丝，在人际圈中享有很高的人气，有时候一句简单的生活感叹式的说说也能引起许多人的“浏览”和“评论”。他们懂得尊重别人，清楚地知道“江山易改，本性难移”，尽量配合别人的行为，尊重别人的决定，即使发现对方有不好的现象，也只是语重心长的“点到为止”。

而那些“华妃体”的自私病患者，他们总是刻意留心别人的行为举止、穿着打扮是否能入的了自己的法眼，他们的眼里揉不得一点沙子，身边容不下一个“道不同”的“另类”。他们觉得约束自己和别人达成一致是非常困难的事情，他们甚至自以为是地觉得改变别人、干涉别人是自己的“大发慈悲”。

所以，“暖男”和“知心女”获得了人们的青睐，丰富了自己的交际圈；而“华妃体”则在自己的一厢情愿中失去了许多的“小伙伴”。因此，在人际交往中，要放下自己的自私，放下自己想要改变别人的念头，多给别人一份尊重，一份宽容，你会发现，每天都会收到很多人的“@”，很多人的“赞”。

向人际交往中那种想要改变别人的念头挥挥小白旗，让那些自私、霸道的念头都洗洗睡吧，多给别人一点尊重，一点包容，你会发现，生活每天都处于不断“涨粉”的节奏。

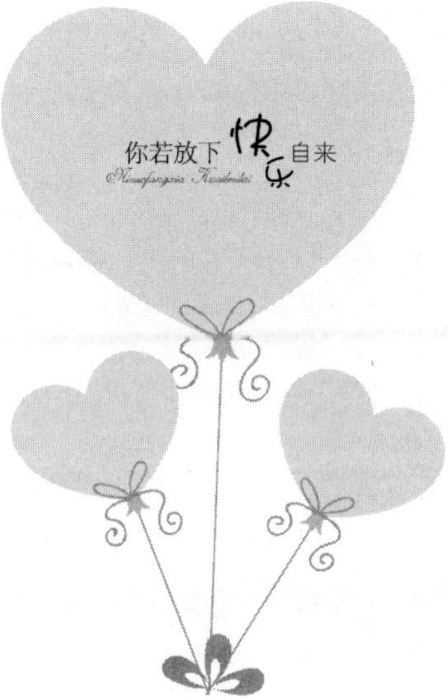

第六章　孩子成长受限
——驱散“溺爱”的阴霾

你的孩子是否像个养尊处优的洋娃娃一样，每天活在玻璃制成的水晶宫殿中，过着衣来伸手、饭来张口的贵族生活？

他们每天在自己的小小世界中，隔着玻璃窗看着外界的美好，在无菌的环境中成长着……逐渐地他们变得脆弱、自私、胆小，他们像个24小时需要人监护的小Baby一样，在你的溺爱中长大，之后便四处碰壁，这样真的是你想要的吗？

放开你的双手，还给孩子一个自由生长的空间……

“金牌父母”？你一定要这个头衔吗

兵乓球健将张继科，游泳名将孙杨，短道速滑小将周洋，这些冠军用自己的实力获得了金牌，也为在背后默默支持、含辛茹苦把他们养大的父母，获得了“金牌父母”的称号。

面对“金牌父母”的光环，好多孩子的家长也使尽浑身的解数，争取把自己的孩子打造成金牌的得主，自己也借孩子的光环扬眉吐气，自己也享受“金牌父母”的头衔。

杨月欢父母的做法就是被“金牌父母”头衔荼毒的真实写照。

杨月欢今年 9 岁，刚刚上小学二年级，但是，年纪尚小的她每天都在父母的“监视”下生活。妈妈不允许她出去和邻家的小朋友到公园里玩耍，不准她看自己心仪已久的《喜洋洋和灰太狼》。

她在别人的眼中就像个小公主一样，每天妈妈精心地为她打扮，亲自接送她上学。但是在小月欢看来，自己过得并不快乐，妈妈每天接送自己上学，放学之后，就立马把自己关在屋子里，送上牛奶和面包，让自己不停地学习。

爸爸呢，结束一天的工作之后，又亲自把自己的宝贝女儿送到艺术培训中心，陪着自己的女儿练琴。周末的时候，还要学习舞蹈和画画，就连寒暑假的时候，月欢也被父母送去辅导中心学习。

月欢每天像个机器人一样，被父母的“爱”捆绑，失去了自己本应该无忧无虑的童年。

杨月欢父母的所做所为，只是想让自己的孩子将来能出人头地，自己也因此获得“金牌父母”的头衔，从此威风八面，逢人就能显示自己的“教子有方”。

其实，现实生活中有许多像杨月欢的父母一样的“望子成龙，盼女成凤”的父母，他们辛辛苦苦地为自己的子女付出自己的时间、精力，省吃俭用地培养自己的孩子，成天为孩子物色各种各样的兴趣班，不管孩子的喜好或是要求，硬生生地把孩子塞进去。日夜盼望着把自己的儿子培养成“企业家”或是“政务高官”，这样他们觉得才能“光宗耀祖”，自己才能“有面”。

这样的父母，被“金牌父母”的头衔冲昏了头脑，虚伪地觉得只要自己的子女有出息自己就能扬眉吐气，所以把孩子当成自己争取地位的工具，把对孩子的“爱”变成绑在孩子手上的木偶线。成天带着孩子参加各种兴趣班，带着孩子各处拜访名师，对孩子的反抗和呐喊置之不理，并在遭到孩子的反抗之后心力交瘁，哭哭啼啼地说：“我所做的一切都是因为爱你。”

收起这种冠冕堂皇的理由吧！你只不过想用孩子来满足你未完成的梦想，未达到的境界。你至今仍然是一名公司的小职员，每天辛苦地工作着，所以你口口声声地说不希望自己的孩子以后也过这样的生活。

于是你拿起被贴上“爱心”牌的小鞭子，威胁着你的孩子做一些自己不喜欢的事情。虽说“技多不压身”，你确实是在为孩子着想，但是，你同样想借着孩子的光环，成就你“金牌父母”的头衔。

你在孩子刚刚出生不到五个月的时候就买来各种各样的科普读物，强行地递到他的面前，希望他赢在起跑线上；在孩子刚刚学会喊“妈妈”的时候，你就开始买来各种各样的碟子，在电视机前教他数字和英语发音；你举着“orange”的牌子对着一个刚刚牙牙学语的婴儿说：“来，跟着妈妈读。”

每当看到这一幕，你是否头顶冒冷汗，是否明白了现在的孩子为什么都那么的叛逆，你让孩子身上背负着“山大”的压力，难道还不允许他们奋起反抗吗？

孩子也有自己的思想，他们也有喜欢和不喜欢，不要在孩子无力反抗的年纪，用你的巴掌和恶狠狠的眼神把他们变成你手中的提线木偶。学着尊重他们的意见，倾听他们的心声，这样你才能避免被孩子的叛逆灼伤，整天哭丧着一张脸，逢人便吐苦水般抱怨孩子不能体会自己的良苦用心。

抛开“金牌父母”的头衔，和孩子平等的相处，他们就会把你当作自己的朋友，带给你无限的快乐。

孩子并非你的“专属天使”

“你是我的专属天使，唯我能独占，没有谁能取代你……”

许多家长都把孩子当成是自己的“专属天使”，时刻准备揣在自己的怀中保护着，大有一种“含在嘴里怕化了，捧在手里怕摔了”的感觉。于是，他们果断地把孩子装在由钢化材料制造的安全容器中。但是，孩子并非你的“专属天使”，你不能霸道地为他修枝剪叶，让他成为一个做啥啥不会，干啥啥不成的“弱者”。

曾经看到这样一幅漫画：一个小孩踩着西瓜皮滑倒了，旁边有三个人。他们分别是“家庭”“社会”和“学校”。看到孩子摔倒之后，家长睁大眼睛，张大嘴巴，惊慌失措地说：“出事了吧。”他们时刻守护着自己的孩子，总觉得孩子就是自己的一切。

出现这种现象的主要原因就是，现在的家长都把自己的孩子当成自己的“专属天使”，当成是自己的“命根子”，总是扮演着一种“安全垫”和“擦屁股”的角色。当孩子在家玩的时候，家长总是担惊受怕，大惊小怪，总怕有什么不安全的东西会伤害到他们，于是连忙上前阻止，或是小心翼翼地保护着。

难道那些家长都以为自己的孩子是一个“瓷娃娃”，一碰就会碎吗？当孩子在做某一件事情，感觉吃力的时候，家长立马伸出援助之手，并在自己帮孩子完成任务之后，拍手称赞自己的孩子说：“你真棒！”。当自己的“宝贝儿子”或是“宝贝女儿”想要得到某件东西的时候，只要张开小嘴说一句“我想要”，父母就不管三七二十一为孩子办到。

就这样，他们在父母的“庇护”中，在父母毫无底线的“溺爱”里，他们逐渐成为一个弱势群体，被贴上了“被保护”的社会标签。但是总有一些时候，你会因为“不得不”把你的“天使”送到社会上，他们便失去了“左右护法”，成为任人宰割的“小绵羊”。

张磊是个上小学四年级的男孩，父母对他疼爱有加，享受着小少爷的待遇。在家的时候，几乎什么事情都是父母在帮忙做，所以张磊什么都不会做，每天放学回家就在父母的陪同下看《熊出没》、做作业。张磊就读的学校虽然就在小区的楼下，但是父母还是不放心，每天都是接送，恨不得陪他一起上课。

父母几乎成了张磊的影子，不管到哪都是“如影随形”，张磊感觉自己就像是个犯人一样，每天被锁在父母的眼皮底下，他感到憋屈、压抑，本来应该快乐的童年，他却觉得十分的痛苦。

现实生活中有许多像张磊一样被父母的过分溺爱折断了翅膀的“天使”，他们原本过着正常的生活，却像个“失能儿”一样，过着需要别人

指手画脚的生活。

你难道希望你的孩子提前进入这种不正常的生活模式吗，你难道想让你的孩子真的只做你一个人的“专属天使”，离开你的目光和双手就无法正常的生活吗？不要用你所谓的“爱”，磨平孩子所有的天性。

当你的孩子做任何事情之前都要喊一声“爸爸”和“妈妈”的时候，你是否应该觉得你的“专属天使”已经逐渐变得过份依赖你。小男孩越来越像个“BABY GIRL”，小女孩越来越粘人，当孩子越来越让你放不开的时候，你就应该反思了。

多给孩子自由，让他们能够独立地思考，作决定，有勇气做自己喜欢的事。不要小心翼翼地把他们捧在手心中，你只是他们的父母，没有权利约束他们的行为。所以，醒醒吧！他们的天空需要自己去着色，不要让你的不忍心成为他们动不动就流着鼻涕、张口大哭的条件。

我们家不缺“神童”

“我家孩子在6岁的时候，就会心算……”

“我家孩子10岁的时候就已经获得了钢琴十级的荣誉证书……”

“我家孩子9岁的时候就能用英语与外国人交流……”

家长们红光满面、滔滔不绝地夸赞着自己家里的“小神童”，似乎这样就能满足他们的虚荣心，让他们顿时为自己的“优良基因”感叹。

其实，现在的家长们都已经修炼成“仙”，他们像一个个具有“仙风道骨”，“位列仙班”的西天使者一样，培养出一批批拥有超凡能力的“小神童”。

可事实却是，周末在别人都在享受着休息时光的时候，他们却早早地起床，为孩子准备早餐，然后把还在睡梦中啃着鸡腿、喝着可乐的孩子从被窝里拎出来，急匆匆地把他们送到培训班。

每天下午，明明被工作累得已经像个耷拉着脑袋的火鸡一样，却在想到自己培养孩子的计划时，像个满血复活的圣斗士一样，精神抖擞，逼迫着自己的“小王子”或是“小公主”拉小提琴或是弹钢琴。

孩子们从小便被关在这种大人们用“爱”筑成的黑白城堡里，享受着“暗无天日”、身心俱疲的劳累生活。而你，在与其他家长交流的时候，得意地在他们面前挺直腰杆，鼻孔朝天地吹嘘着自己家里的“神童”。

周末的时候，孩子说自己看不清东西，你陪孩子走到医院，在医生说孩子已经近视的时候，你还大吼不解，满脸疑问地说：“怎么会近视的呢?”

每个人都有“望子成龙”的思想，但是这样真的能得偿所愿吗？能让孩子收获童年的快乐吗？你的孩子明明就喜欢在做完作业的时候看看喜羊羊与灰太狼，周末的时候逛逛公园，吃吃肯德基，而你却果断地关上电视，把孩子“禁锢”在钢琴前，让他继续练琴。

你用“金牌父母”的头衔包裹着自己的生活，你享受着别人的赞美，享受着周围羡慕的眼光，“趾高气扬”在别人的目光中骄傲地走着属于“神童父母”的T台秀。

张泽一的母亲是一位普通的纺织厂工人。她高中毕业的时候就已经在工厂里打工，但她心高气傲，从来不甘心自己只是一名小工人，总觉得自己的父母当初没有教给自己一技之长，导致现在唯一的生存本领就是出卖自己的劳动力。

所以他对自己唯一的儿子张泽一的要求特别严格，她发誓即使砸锅卖铁也要把孩子培养成一个“人上人”。

张泽一三岁的时候，妈妈就把他送进了托儿所，还请专业的老师到家里教他小提琴，刚开始的时候张泽一觉得很新鲜，所以没有排斥，但是一个星期之后，张泽一就对这种乐器失去了兴趣，并闹起了情绪。但是妈妈没有被他的哭声镇住，每天逼着他跟老师练琴。

在他七岁的时候，妈妈又为他报了数学兴趣班，但是泽一天生没有数学头脑，学习很是吃力，但是碍于妈妈的管束，他只有遵命。

十岁的时候，他把小提琴获奖证书递到妈妈面前的时候，妈妈高兴地笑了，并且在左邻右舍面前大夸自己儿子的“丰功伟绩”，为儿子获得了口头的“神童”美誉。

十五岁的时候，张泽一脾气越来越暴躁，性格也越来越叛逆，经常与同学打架，为此妈妈赔了好多的笑脸，也多次被请到学校里“喝茶”。

孩子也有自己的思想，也知道什么想做，什么不想做，不要为了家里的“神童梦”，狠心地拔掉孩子的天性，丢给他们一些永远做不完的数学题，永远考不完的象征着“神童”标志的证书。

你让他们忍受着打碎牙齿往肚里咽的疼痛与血腥，习惯的在孩子奋起反抗的小火苗尚未发展成熊熊大火的时候，就随手拿起一把沙土掩盖它。

孩子的世界是干净纯洁的，不要用你世俗的观点禁锢了他的灵魂。不错，兴趣是需要培养的，但没必要在他们还应该兴高采烈的观看《熊出没》，与其他小伙伴玩泥巴的时刻就狠心地剥夺他所有的时间，然后把他关到一间黑屋子里，让他陪自己完成一部叫作《神童养成记》的电影。

不要再自作主张地扮演着一个“剥夺者”的角色了，适当地给孩子一点自由，让他们在应该享受快乐的时候，尽情地玩耍。即使他们灰头土脸，满脸泥巴，只有你能还给他们童年的快乐，他们才能在享受绚烂人生的同时给你不一样的惊喜。

“十全九美”的孩子最快乐

“我的年龄还小，理解不了你的语重心长，所以不要强迫我对你的每一句话都能做出准确无误的判断。我还小，腿还很短，不要责备我走路太慢……”美国一篇报道以孩子的口吻道出了现在的孩子正在遭受风雨的摧残，现在的孩子正在因为父母“十全十美”的要求，逐渐失去了童年理所应当的那份快乐。

其实，“十全九美”的孩子最快乐。

现在的一些家长们，他们因为自己的智力、行为以及成就上的缺陷，对自己的孩子要求“十全十美”。他们在刚刚学会说话的时候就要摇头晃脑的背诵连家长尚未完全熟记的《三字经》。在孩子的身边发挥自己的“唐僧体”功能，喋喋不休地告诫孩子什么该做，什么不该做，只要孩子犯一丁点的错误，就毫不商量地念让人头疼的紧箍咒。每天向孩子的头脑中灌输一些大人们才能理解和消化的词条，不分青红皂白因为孩子言语中的一点小瑕疵就大发雷霆。

在你对孩子“十全十美”的“完美主义者”的要求中，你的独裁、“非人性”就像“万能消字灵”一样，成功地谋杀了父母的温柔善良。在孩子们的心中，你已经以一种“格格巫”或是“容嬷嬷”的身份存在着。他们在你的震慑之下，不由自主地在看到你的时候充满紧张、恐惧，甚至有一种想要逃离“魔爪”的冲动。

我们可以换位思考一下，当你费尽心计，呕心沥血想出来的点子，被你不通人情的冷面上司批评得一无是处的时候，你是否在经过上司身边的时候，小声嘀咕着“偏执狂”。

当你的观点被别人鄙视的时候，你就会感到血脉偾张，焦躁难耐。但是，当你的孩子满心欢喜地跑到你的面前，希望听到你对他的创意赞美的时候，你却双手叉腰，面红耳赤，战斗指数爆棚地批判着他的幼稚和可笑。

当他发挥着小孩子独有的“贪玩”的天性，在房间里拿着漫画书，兴致勃勃地欣赏着书中的美好片段的时候，你一把把他拎到写字台前，使劲地点着未完成的作业，大声训斥：“怎么就记不住呢？老想着玩。”

当你这样说孩子的时候，你是否想到自己，每次回父母家吃饭的时候，手中拿着手机不停地刷微信，聊天，完全无视周围的人，患上现代人特有的“手机依赖症”。这个时候，你怎么就能包容自己的小放纵？

刘宇常常跟自己的小伙伴讨论自己母亲的“不近人情”，因为母亲常常对她严格要求，使她丢掉了很多和小伙伴一起愉快玩耍的时光。

刘宇觉得只有在学校的时候才能拥有开心、快乐的时光，一回到家里，就会被母亲抓住小辫子，然后劈头盖脸的一顿“指教”，凡事都要求她做到最好。刘宇觉得自己只要一回到家里，多愁善感的母亲就会发挥她的“怨妇”品质，对自己疯狂地投射“语言炸弹”。所以，每次回到家中的刘宇都会感到神经紧张、压抑、反感。

刘宇的妈妈之所以会对她进行“苛刻”的要求，完全是因为她清楚地知道自己的缺点和不足，所以希望能在女儿的身上找到自己没有的优点，才会把这些“负担”强加到自己的女儿身上。

这种因为自身的缺点，对孩子吹毛求疵，十全十美的要求是典型的“完美癖”和“理想欲”的代表。他们了解自己身上那股的毛病，知道自己的不完美，所以想让孩子完成自己的“完美主义者”的梦想，因此让孩子丧失掉很多的快乐。

作为一个家长而言，都希望自己的孩子能过得幸福快乐，但是孩子的快乐并不是来自外界那些庸俗的赞美和嘉奖，真正的快乐来自他们的内心。放开那些对孩子要求过重的砝码，给他们鼓励和赞美。他们才能收获被肯定的快乐。

不要用你充满缺点的灵魂约束孩子做一个“十全十美”的人，让你的“完美癖”和“理想欲”都洗洗睡吧，不要在孩子面前像个上了发条的机器一样，喋喋不休，不停地对着孩子扫射。让孩子活在自己的世界中，即使“十全九美”，他们也会更快乐。

放下你的大人架子，孩子要平等

“君君臣臣父父子子”中国封建等级森严的社会制度已经在历史的演出中谢幕。但是，中国的一些父母在对待自己宝贝孩子的时候，依然把这些所谓的“规矩”奉为格言，在孩子的面前，摆出一副大人的架子，整天吩咐孩子做这做那。

孩子不是玩偶，也不是宠物，他们也需要平等。

在社会上的各种关系中，最亲的莫过于父母和孩子的关系了。也因此，有很多父母总认为孩子就是他们的私有物品，是他们受尽千般苦、尝尽万般累才把他们培养出来的，自己理所当然应该在他们面前摆出一副“统治者”的姿态：要求孩子凡事都要向自己请教，批准了的事情才能去做，每天摆着“包公”一样的“黑脸”，在孩子面前建立父母特有的威严。

社会中的每一个人都渴望平等，如果你因为放不下父母的架子，极力地想用你底气十足的大人架子克制孩子的“不听话”和“对着干”，在孩子的服软和妥协中，你得意地甩甩刘海，炫耀着孩子的“听话”和自己的“教子有方”。

那么，一旦孩子和你之间从无话不谈的“好朋友”经过你的“黑脸”的发酵后，变成“隐瞒”和“沉默”，你只能眼角泛着泪光，哭丧着脸为自己和孩子之间的“代沟”感到惴惴不安。

晚上十点多钟的时候，劳累一天的陈雪梅回到家里，看到自己 17 个月大的儿子还在客厅玩着积木。

看到妈妈回来，他仰着小脸对妈妈说："妈妈，陪我玩。"陈雪梅有气无力地对儿子说："要睡觉了"。陈雪梅不由分说地抱起自己的儿子，把他塞进了被窝。孩子哭闹着，一心想去客厅再玩一会，陈雪梅不耐烦地对孩子严厉起来："睡觉!"然后对着儿子的屁股就是两巴掌。儿子在吃了两巴掌之后，伤心地哭了起来，并且愤然地掀开被子，对着母亲的身体拳打脚踢，口中还念念有词。

身为幼教出身的陈雪梅看到孩子的这一举动后不禁反思，孩子虽然还小，还不能清楚地表达自己的情绪和不满，但他也是一个个体，父母不能按照自己的意愿，要求孩子去干自己不愿意干的事情，应该平等地对待孩子。

其实，孩子在成长的过程中难免会犯错，身为父母的你不能在孩子的面前扮演一种叉着腰喋喋不休的"黑脸"角色，扯着100分贝的嗓音对孩子说"不能"、"不要"，这种"不平等"的待遇，让孩子越来越对你"保持距离"，甚至把你拖进"黑名单"。

这样君臣式的教育方式会使你的孩子变成"两面派"，孩子在家的时候不是耷着脑袋无视你的存在，就是脸红脖子粗地和你理论，而在同学的面前，他们总是眉开眼笑，侃侃而谈。

其实，这个世界上的许多事情都是相互的，你对孩子尊重，孩子就会主动地向你展开爱的怀抱，你对孩子"摆架子"，他们便会向你展示他们的"不满"和"代沟"。所以，不要埋怨你的孩子"叛逆"，不要心寒孩子对你的"排斥"，造成这种"不讨喜"的局面主要是因为你的"架子"、"不平等"隔开了你们之间的"亲密无间"。

要想真正的走进孩子的内心，和他们成为有着很大的年龄差距却又感情亲密的朋友，那你就放下自己的架子，和孩子平等地交流。不要总是一副“大人的世界，小孩不懂；小孩的世界，需要干涉”的态度，建立起一种“父母＝老师＋朋友”的交流模式，和孩子成为无所不谈的朋友，这样你会不会更轻松？

培养坚强的“皮孩子”

“哎吆！小宝贝，摔疼了没有？”

11 岁的马小跳在骑自行车的时候不小心摔倒了，妈妈立马跑上去，把他扶起来，并心疼地为他拍拍身上的土。马小跳也配合地偎依到妈妈的怀里，眼睛眨巴眨巴看着自己摔出了淤青的小腿，然后在妈妈的大惊小怪中，两个人拖着自行车向着小区附近的医院走去。

马小跳是小区内有名的“胆小鬼”和“爱哭鬼”，对任何事情都不敢尝试，动不动就学着小女生一样哭鼻子，为此没少遭到小区里小伙伴的嘲笑。甚至有些孩子的家长直接告诉自己的孩子不要与马小跳玩耍，说他是个装在玻璃瓶中的娃娃，稍一不留心就会把他打碎，引来小跳妈妈的“歇斯底里”和“小题大做”。

在妈妈的这种“以爱之名”的呵护下，马小跳逐渐丢掉了一个小男生应该有的魄力和勇气，每天就像一个“Baby Girl”一样，需要别人的照顾和宠爱，一旦受委屈，就会发扬“河东狮吼”的威力，然后在母亲的“娇柔”的关怀下，才能满血复活站起来，重新向前微笑着走下去。

生活中有很多的“马小跳”，他们在父母及亲人的宠爱下，在“众星捧月”式的生活里，逐渐失去了独立、坚强、勇敢的能力。送孩子上幼儿园的时候，孩子哭哭啼啼不允许妈妈离去，为了不让自己的“小可怜”继续伤心，妈妈们总是蜷缩在教室门前，当起了超龄的“陪读”。这种过分的关怀，只会萎缩孩子的独立能力，让他们永远都像一个长不大的孩子一样，时刻需要妈妈陪在身边。

每当雷雨交加的晚上，妈妈蹑手蹑脚地跑到孩子的卧室，把孩子抱到自己的床上，紧紧地搂着他入眠。生怕雷公的“喷嚏”会打扰到自己宝贝的休息。于是，宝贝们就在父母这种自作主张的、谨小慎微的游戏中，逐渐变得胆小。

如果做一件有丁点危险的事情，你就会紧紧地牵着自己孩子的小手，不停地在他的耳边发扬你的碎碎念的功力，像个人性化的导航仪一样，温柔地提示孩子哪里会有危险，然后小心翼翼地上前搀扶。于是，孩子每当遇到危险的事情，就停步不前，等着父母的指挥和帮助。

现在的孩子在父母“用心良苦”的培养下，逐渐成为一个“衣来伸手，饭来张口，危险来了快步走”的人，在困难面前不是勇敢地大步向前，而是争先恐后地蜷缩着。

作为父母，你难道想让自己的孩子像个“小人”一样，懦弱、胆小吗？你难道想让自己的孩子像个瓷娃娃一样，经不起任何的颠簸和坎坷吗？你不想！但是你的紧抓不舍和你的大惊小怪，已经逐渐的磨平了他们的勇气，所以，你应该放手，让他们像个“皮孩子”，顶风傲雪，依然自强不息。

放手吧！不要像个 24 小时的跟班一样，要想让他们以后的人生不在“胆小鬼”、“懦夫”的标签中度过，就把他们像个皮孩子一样培养，给他们足够吃苦的时间和自由，让他们明确知道，这个世界只有坚强，别无选择。

孩子虽宝贝，且爱且严厉

生孩子虽易，养孩子不易，且爱且严厉。

“自私”、“懒惰”、“目中无人”者几乎是现代孩子的通病，在每个家庭的孩子生活中几乎都存在这几个“不尽人意”的“特点”。在计划生育“少生优生”的政策的执行下，各个家庭中孩子的数量都在减少，孩子逐渐成为一个家庭的掌中宝。在这种社会中，孩子的教育逐渐陷入一种怪圈：娇蛮跋扈、自私、霸道，喜欢的东西必须要收入囊中，在家娇娇滴滴，衣来伸手，在外自私、蛮横、了无人气。

其实，孩子会有这样的“现代病”，主要的原因还在于自己的父母，他们每天把自己的孩子放到保温箱中，小心翼翼地调整着保温箱的温度，生怕孩子冻着或是热着。孩子一声指令，大家齐上阵，七手八脚地为孩子提供各种各样的服务。孩子的一声咳嗽，也会惊动家中的老老少少。

明明自己能力、时间、金钱各方面都受限，却还要拼命把自己家的孩子打造成童话世界中的“小王子”和“小公主”。他们回到家中，便收起在公司中那份“趾高气扬”的领导范，委身到自己的小宝贝身边，做鬼脸、扮小狗逗孩子开心。现在的家长很多对孩子发扬“百依百顺”、“大公无私”的精神，要什么给什么。

依依是个典型的“公主病”患者，她要求自己拥有的东西必须是独一无二的，衣服、鞋子、包包本来都是自己很喜欢的东西，可是一旦看到别

不要给孩子的世界营造出一种『唯我独尊』的假象。

人和自己拥有一样的东西，便会果断地将那些东西丢弃，并且再也不会触碰。

她自私地要求身边的人都要根据自己的意愿做事，让他们往东他们就不能往西，她要求别人去逛街，别人就不能嫌累躺在床上要求今天休息。而且，她在外地工作的时候，还专门找了个钟点工，帮自己打扫房间，洗衣服或是做饭。她每次要求别人和她一起旅游或是逛街的时候，总是嚷嚷着“我好累”，把手中的东西统统塞到别人的包里。每次放假回家，就摆出一副“大小姐”的姿态，指使着自己的妈妈做这做那，而自己却窝在沙发中看电视，俨然一副“油瓶子倒了，都不带扶一把”的主。

身边的朋友时常在背后三五成群的调侃着她的毛病，尽量的避而远之；男朋友也因为忍受不了她的自私和霸道，在发泄式的罗列她所有的缺点之后，扭头牵起了别的女生的手。

现实中仍有很多孩子将在父母的“溺爱”之下，有潜力成长成为依依这样的“公主病”患者。你毫无保留地把自己所有的爱都给自己的孩子，却忘了应该对他们进行严厉的教育，因此培养了他们的娇蛮跋扈、无理取闹。

所以，不要只给你的孩子吃糖果而不让他们品味苦瓜的滋味，不要给他们的世界营造出一种“唯我独尊”的假象。除了你们之外，没人会再把他当作自己的生命呵护，适当地给他们一些严厉，让他们懂得什么是错的什么是对的，什么该做，什么不该做，让他们知道这个世界上除了彩虹糖之外，还有“良药苦口”。让他们知道“独食”的自私，明白“自己动手，丰衣足食”的道理。

对孩子“恩威并施”，不要让他们感觉这个世界是只为她一个人准备的，他们就会学着勇敢和坚强，学会分享和理解。所以，不要用你的爱，把你的宝贝打造成一个“问题少年”，适当放手，让他们的明天“阳光灿烂”，这样你会不会更骄傲？

“小鬼当家”，做做家务

“妈妈，今天我来做家务吧？我们老师让回家帮助妈妈做家务。”

“不用了，太累了，你去看会儿电视吧。”这是一段来自母亲和孩子的对话。

“重智轻劳”对家长们来说，这已经成为一种现代病。孩子在家的时候写写作业或是到艺术培训班练练钢琴，打打拳，很少家长会想到周末的时候把自己的孩子留在家中，抛开对孩子的溺爱，让他们拿起拖把，帮助自己拖拖地，洗洗碗。他们在孩子空闲的时候就带孩子去游乐场消磨时间，到海底世界长见识，每当自己的孩子拿起拖把想要拖地的时候，他们便会感动得眼泛泪光，然后接过拖把，心疼地说：“宝贝，太累了。”每当孩子想要洗碗的时候，他们就会大惊小怪地把孩子拖到客厅，语重心长地说：“伤到你怎么办?”

你是否也是这样的父母？你已经习惯你的“独苗苗”的“游手好闲”，你总觉得做家务这些力气型的粗活，不及跆拳道、钢琴、舞蹈等更能让孩子长知识，你总觉得喜欢做家务的孩子永远不及喜欢艺术的孩子有出息。所以，你才会自作主张地让孩子接受那些看似冠冕堂皇的“高等教育”。

“听说吗？果果被清华大学退学了。”

“怎么会呢？果果的成绩那么好，去年不刚拿过钢琴十级奖？据说果果画画、钢琴、小提琴无所不能，高考的时候还取得全市第二的好成绩呢！”邻居们议论纷纷，都不相信果果被退学的消息。

果果原本应该是一所知名大学的学生，但是，她刚到学校两周，就被学校送了回来，理由是：孩子还太“小”，不适合在学校读书。原来，果果从小娇生惯养，父母除了让她学习、玩耍之外，从来没让她做过家务，甚至剥鸡蛋这样的小事情，也都是父母帮忙做。

所以，年满18周岁的果果，到现在连剥鸡蛋都不会，系鞋带、洗衣服对她来说也成为比考高分更难的事情。她甚至不知道人是要做家务的，她对所有劳动的理解都只局限于脑力劳动。

所以，果果除了学习之外，几乎连生活都不能自理，最终，校方决定把果果继续送到其父母的身边，因为对他们而言，她还是个没长大的5岁的儿童，无法适应没父母陪伴的学校生活。

其实，生活中有很多像果果这样的“高分低能”者，他们的父母从小就教育他们凡事以学习为重，只有那些没出息的孩子才喜欢做家务，所以导致他们的“四体不勤，五谷不分”。

这样的孩子到社会上只能是一种累赘，他们明明有健全的四肢，却还像未满周岁的婴儿一样，衣来伸手，饭来张口。等他们长大成人，在学业上拥有一定的成就之后，社会却狠狠地给他们一记耳光，并无情地对他们

说：“对不起，我们不需要‘高分低能’的人”。他们脱离了父母的怀抱，于是就处处碰壁，觉得自己就像个废人一样，原本所有的自信满满，所有的不屑也消失得无影无踪。

所以，不要让你的孩子做个“十指不沾阳春水”的大家闺秀。周末的时候，给他们一次“小鬼当家”的机会，让他们体会什么是“劳动最光荣”，让他们明白只有自己动手才能拥有“前程似锦”的人生。

做家务是一项技能，他能培养孩子独立自主、勤劳善良的美德，“薄技养身”，只有会做家务，才能让他们在踏入社会的时候，不至于被“退回”。让孩子体会劳动的辛苦，他们才能尊重别人的劳动成果。

所以，不要让“不会劳动”捆绑住孩子的手脚，给他们一个拖把，一个手套，让他们亲自证实何为“劳动最光荣”。

婚姻 NO. 1，然后才是孩子

那个陪伴你一生的人，才是你最重要的人，爱与分离是两个永恒的话题。

“恋子情结”是发生在很多家庭中的一种现象，也是导致婆媳关系破裂的根本原因。你觉得自己的丈夫不像结婚前那样勤劳，现在的他好吃懒做，脑满肠肥。对他的种种不满，使你的感情转移，你把自己所有的爱都转移到自己的孩子身上，总是对自己的孩子说：“妈妈只有你了，以后千万不要像你的爸爸一样”。

结婚之后，你发现自己的妻子不像之前那么温柔善良，她逐渐变得无理取闹，像个泼妇一样每天对你大吼大叫，于是，在她“翻天覆地”的变化之下，你把之前对她所有的爱都没收，然后转交给你的孩子保管。

于是，孩子享受了你们全部的爱。你在他的身上贴上“全部爱”的标签，每天告诉他这不能，那不许，生怕一不小心会让你生命的“替代品”受伤，于是你把他们关进花费你全部的精力建成的“爱巢”中，用你温柔的目光注视着，不允许他们踏出一步。

你们觉得你们是天底下最爱自己孩子的父母，但是你们却在一味的爱的倾注中，忘记了放手。于是，当你的孩子已经长大成人，把自己的心仪对象带到家里的时候，你拉着脸，无精打采并且忧心忡忡地担心别人是在跟你抢孩子。然后，你能量满格，并保持在一种随时向敌人进攻的战斗状态。

因此，你才会在你的孩子跟自己的另一半秀恩爱的时候，热血膨胀，从内心深处把他当成彻头彻尾的敌人。于是乎酿成了中国历史上的第一难题——婆媳关系。

肖晋天天跑到朋友那诉苦，他妈妈最近老是在他面前抱怨儿媳妇的不是。总之，在他妈妈的眼中，他的老婆无论做什么，她都看不顺眼。她们甚至有时候当着自己的面争吵，老婆常常被气得跑回娘家，不仅如此，妈妈还不让自己去接老婆回来，总是找一大堆的理由说自己老婆的“不懂事”。

肖晋小的时候，妈妈就因为父亲的软弱无能，经常和父亲吵架，夫妻感情一直都不怎么好，所以母亲就把所有的爱寄托到肖晋的身上，对他疼爱有加，家里大大小小的事情从来都不让他插手，老婆经常说他的臭毛病都是他妈妈惯出来的。肖晋对此并不介意，因为他知道这么多年妈妈对自己的溺爱，简直有把自己绑到裤腰带上的冲动。肖晋明白妈妈的爱，明白妈妈对自己的依赖，所以一直默不作声在她们当中充当着“三明治”的角色，受着“夹板气”。

有时候，他会想，如果当初爸爸和妈妈把婚姻放在第一位，不要把所有的爱都给自己，那么或许他会比现在更优秀，妻子和妈妈的关系也不至于发展到这个地步。

不要自以为是地把孩子放在第一位，这样你就会对孩子过分的溺爱，捆绑着他们原本可以自由发挥得很好的天性。孩子在你的过分溺爱中，像个提线木偶一样，只能按照你的言语去支配自己的行为，稍一越界你就会歇斯底里："我就指着你了。"

从现在起，把婚姻当作 NO.1，这样你就拥有一个健康的家庭。理性地爱你的孩子，将他养大，并不是为了永远的与孩子黏在一起，应该将他推出家门，让他独立的生活，寻找自己的世界。

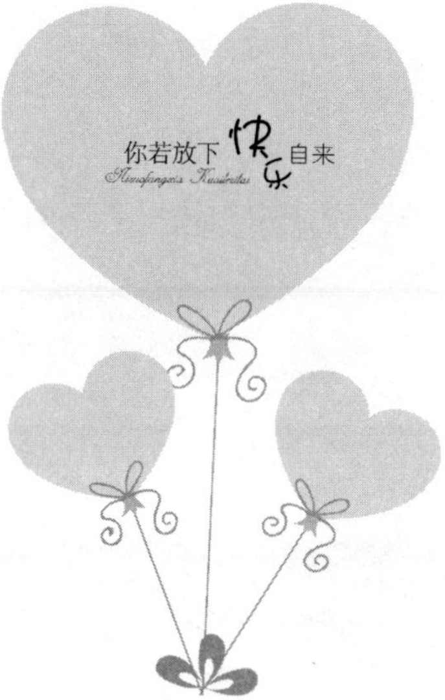

第七章　健康警报响起
——告别不规律作息

什么时候，两个人之间的见面问候语逐渐由“吃了吗”变成“你还好吧”？你经常感觉头晕、恶心、四肢乏力，白天的时候昏昏欲睡，晚上的时候躺在床上睡不着。这其实是你的身体向你发出的警告，是你不规律作息导致的恶果。

其实，每个事物都有它的临界点，身体也一样。你没日没夜地熬夜，吃垃圾食品，对你的健康下挑战书。当你在挑战中大获全胜的时候，你就只能承受这些病痛的折磨，一个人默默地承受着自己种下的苦果。

向“不规律的作息”说拜拜，这样你就会发现，生活中到处都回荡着快乐的音符。

生活多点笑，健康常相伴

所有的雨都会停止，没有什么是过不去的，远离悲伤的情绪，笑一笑，没什么大不了的。我们生活在一个快乐祥和的世界里，不要因为一点小事就愁眉苦脸，让困难无限地放大。

有些人在遇到困难或是挫折的时候，就会觉得郁闷、压抑、沮丧、困顿，到最后，自己是吃啥啥不香，干啥啥没劲。白天，在人前装出一副“欠债八百万的脸”，晚上辗转反侧难以入眠。在这种生活状态的“刺激”下，身体也出现了状况，不是这疼，就是那不舒服。

而有些人，他们不管遇到什么样的困难和挫折，都是微微一笑，并告诉自己没什么大不了的，然后他们就在微笑中把这些困难带来的阴霾都一扫而光，从微笑中得到更多的正能量，让自己能量满格地面对困难，并且发出“那都不是事”的感慨。他们是浑身充满正能量的天使，没有不好的情绪和积压很深的不快影响他们的食欲和心情，每天吃嘛嘛香，精神舒畅，身体也倍儿棒。

张小米是个体弱多病的“亚健康”患者，她常常在工作的时候感觉浑身乏力，头晕眼花。为此，她经常向老板提出病假的申请。但是每当一回到家中，她所有的“不健康”都会一扫而光。

张小米在工作的时候，每到遇到稍微难一点的事情，她都会唉声叹气，愁眉苦脸，总是觉得这项任务超过了自己的能力范围，所以整日郁郁寡欢。上班的时候，伴着一副苦瓜脸，见谁都是一通“压力山大”，“困难重重”的抱怨。下班回家，又是板着一张脸，拖着一个疲惫的身躯回到家中，和自己的亲人朋友发泄自己的“不幸”，不时发出“好烦”的怨气。

父母喊她吃饭，她也以没食欲拒绝，晚上的时候辗转反侧，唉声叹气，感叹生活的不如意，久久不能入眠。第二天，状态极差地来到公司，面对着一堆的难题，又开始恶性循环。在这样的消极情绪的影响下，她感觉自己“整个人都不好了”，每天都往医院跑，感冒药，头疼药拿了一堆又一堆。

渐渐地，生病像个甩不掉的恶魔一样，几乎每个月都会来看望她几次，而且是在她最困难的时候，于是，她越想越生气，总觉得自己是个倒霉鬼。

许多人向张小米一样，疾病总是时不时地向他们展示自己的威风。其实，造成健康受损的原因主要是因为它们的自身原因造成的。

那些乐观的人，他们无论面对多大的困难，承受多大的委屈，总是微笑着面对，让微笑带给自己更多的正能量，让自己变得强大自信，勇敢地面对生活和工作之中的困难。好心态让他们在面对误解和委屈的时候可以微笑着释怀，并向别人展示他们的深明大义。他们的微笑让自己的世界充满了欢乐，充满爱，每天都活得开开心心，用正能量驱散所有的阴霾和病毒，所以他们青春永驻，健康长存。

那些像张小米一样的悲观主义者，遇到一丁点的不尽人意都摆出一副苦瓜脸，总觉得这个世界充满了世俗的背叛、邪恶、虚假，感觉每一个人都是邪恶灵魂的替身，所以冷眼相对。在这种消极情绪的作用下，各种病毒趁虚而入。

其实，很多的困难和压力都是自己给自己的，外界给的压力困难都是可以解决的，最终挑战的其实就是自己。从现在起，培养你的良好心态，在面对生活不如意的时候，微笑着对自己说“没什么大不了”，然后抬起头，环顾四周，信心十足地面对那些不如意。

解除你那张遇事就变的苦瓜脸，生活中多笑一笑，你会发现生活如此美好，人们如此可爱。同时你也会发现，自己心情好，牙口就好，吃嘛嘛香，身体倍儿棒！

“夜生活”的最高境界是美美睡一觉

“夜生活”已经成为社会的一种时尚，有些人甚至打出“没有夜生活，就没有未来”的口号。他们认为无论你白天是多么光鲜亮丽，多么掷地有声，依然不能逃离夜的空虚和寂寞。所以他们在别人酣然入睡的时候，化上美美的妆，牺牲自己的睡眠，开启了“夜生活”的模式。但是，在劳累的都市生活中，美美地睡上一觉才是“夜生活”的最高境界。

现在“夜生活”的“忠实粉丝”主要是一些都市的白领，或是明星艺术家。早上，在闹钟响个不停之后，他们不情愿地翻身起床，匆匆地赶到公司，在一大堆文件或是一长串的工作安排之下，奋笔疾书。他们承受着巨大的压力，每天为生计、为地位不停地奔忙着，当他们感到气喘吁吁想停下来歇一下的时候，看到身后一大批拿着简历，挤破脑袋想对自己“取而代之”的人，于是他们整整自己的衣领，扶了扶手中的文件夹，继续把自己埋到工作中。

他们就像是个即将被放到油锅中的鳝鱼一样，奋力地扑腾着。可是一旦退去白天“光天化日”的外衣，罩上黑夜的朦胧，他们就脱下自己的职业装，换上紧身的连衣裙或是白衬衫，投身到黑夜的怀抱。在酒吧摇曳的灯光中、喧嚣的音乐里，驱赶着自己的空虚，或是拉上身边的陌生人，肆无忌惮地放纵自己。

在这种长期的“夜猫子”的生活模式下，他们会发现自己的眼睛周围被黑眼圈“感染”，脾气也变得越来越暴躁，情绪也像五月的天气一样善变，行动也变得迟缓，智力和免疫力也出现了不同层次的下降，甚至心脏也不像之前那样平稳。总之，他们会发现自己像个挂在半山腰摇摇欲坠的玻璃瓶一样，随时面临着“支离破碎”的危险。

“下班后去哪 Happy?”同事问道。

“听说‘不夜城’那里新开了一间酒吧，哥们，走起，今晚我请客。”张诺说。

下班时间刚到，他们就把脑袋聚在一起，共同商量着今晚该如何打发时间。这几乎已经成为他们每天下班必须要聊的话题。张诺在一家外企做一名专员，在社会中的定位算是“小白领”。但是经历了一天忙碌的工作之后，他们常常在下班的时候无所事事，时常感到空虚、寂寞。

在这种精神的摧残下，他们果断地放弃“十点睡，六点起”最好的睡眠模式，加入了“夜猫子”的行列，用酒精、音乐麻痹自己的生活。张诺和自己的同事们几乎每天都会到酒吧发泄自己的不愉快，在凌晨的时候，摇摇晃晃地回到家休息，在刚刚进入梦乡的时候，又被闹钟督促着起床工作。

所以，张诺和他的小伙伴们每天都像是大熊猫的近亲一样，顶着大大的黑眼圈，拖着疲惫的身体坐到电脑前，开始一天的工作。有一天，张诺突然晕倒在电脑前，送到医院后才发现，年纪轻轻的张诺居然患上心肌梗塞，医生强调这是长期的夜生活所致。

现实生活中，有越来越多的“张诺”，他们每天下班之后就吆五喝六地找来自己的好朋友或是好哥们，一起到酒吧、KTV 潇洒快活，他们都是“夜生活”的拥护者。

如今，“夜生活”也已经成为城市潮流生活的表现。但是，人的身体机能就像庄稼，春生、夏长、秋收、冬藏。所以，人也需要养精蓄锐，否

则就会透支第二天的能量，不仅不能缓解压力，还让自己雪上加霜，落下病根。

放下你“夜猫子”的外衣，不要让“夜生活”成为谋杀你健康的罪魁祸首，在夜幕来临的时候美美地睡上一觉，第二天你才能满血复活。

活着虽易，健康不易，且行且珍惜。

不当床上“妆美人”

熬夜、出门不涂防晒和带妆睡觉并称为三大毁容行为。

现在的女性，每个人都想把自己变成精致的美人儿，不允许自己脸上有任何的瑕疵，所以，每天女人出门前的第一件事情，就是坐到化妆台前，把各种瓶瓶罐罐中的液体统统地往自己脸上送，直到镜子中的自己已经变了模样才善罢甘休。

这样的一些人，她们已经习惯自己“妆”出来的模样，不想面对脸上有冒出的小痘痘和越来越多的色斑和暗疮，这些都会使她们陷入一种负面的情绪，一种被打回原形的羞辱和不甘。所谓卸妆容易化妆难，为了保持自己随时都是这种“美美哒”的状态，即使在睡觉的时候，她们也要做个床上的“妆美人”。

还有一些人，她们像个工作狂一样，每天忙碌地工作着，回到家中已经筋疲力尽，没有时间和精力再把这原本大费周章涂上去的美颜再次卸下，所以她们就带妆而眠。这种女人就是典型的“懒惰症”，即使是对她们的脸蛋，也不想让自己太过麻烦。

有句话说，世上只有懒女人，没有丑女人。那些原本面部暗黄，长满青春痘的女人，总能在二十岁之后，用自己的行动向你证实，什么叫女大十八变；而有一些女人，她们天生一副美人胚子，却不注重自身的保养，随着时间的流逝，她们的脸蛋也失去了往日的光彩。

带妆入眠，就像是下水管被堵住一样，水池里的积水只会越来越深。人的皮肤上的每一个毛孔，都需要自由呼吸，夜间是毛孔呼吸和修复的时间，如果让那些化妆品堵塞了毛孔，那么必定会引起肌肤呼吸不畅，痘痘、色斑也跑出来骚扰你的生活。

张晓雅是个特别爱打扮的女子，她每天必做的一件事情就是花大把的时间捯饬那张并不十分俏丽的脸，但是张晓雅的皮肤很好，像婴儿的肌肤一样，没有任何的瑕疵。张晓雅因工作特别忙碌，每天早出晚归，但是她每天出门的第一件事情就是化妆，下班回来也要花费一个小时的时间做面部的清理工作。

但是有一段时间，她晚上特别的累，回来倒头就睡，直到有一天早上起床的时候，她发现自己婴儿般的肌肤上已经出现了星星点点的小痘痘，皮肤也不像之前那样光滑亮泽，最后，在医生的指示下，才知道是因为毛孔堵塞造成的。

所以，在睡觉之前，对你“粉刷”过的小脸做一个彻底的清洁，让它干干净净地享受自由的呼吸，这样你就能远离痘痘、色斑等“面部杀手”的困扰，让自己每天照镜子的时候不会被又冒出的两个痘痘影响一天的心情。

远离“床上妆美人”的称号，不要让那些化学制品和你一起入眠，这样你会发现面部肌肤问题减少，心情也会舒畅不少。

小心！“软瘾”

“软瘾”是美国心理学家提出的新名词，主要指那些强迫性的习惯、行为或回复性的情绪，它不同于物质上瘾的着迷。

坐在电脑前，刚刚打开淘宝页面的你对自己说：“再网购就剁手。”十分钟之后，你电脑的页面上就立刻弹出“支付成功”的字样，可你的手依然长在你的胳膊上。

半夜被憋醒，你翻身下床，惺忪着双眼摸索着走到厕所门口，完事后回来躺到床上，随手拿起身边的手机，登录微信，立马来了精神，然后看到好友的评论，不停地回复，刷屏，再回复，再刷屏……第二天一大早，闹钟已经响了两次，你依然蒙头呼呼大睡。很不幸，你迟到了。

出门的时候，你在关门之前总是习惯性地摸摸自己的口袋，看看自己的手机是否还在。你每隔五分钟就会把手机拿出来，看是否有未接听的电话，或是朋友圈中的动态，你觉得出门不带手机，就像是上厕所不带手纸一样。

好不容易放假一天，你计划着把自己的屋子收拾一下，顺便和朋友逛下超市，可是你刚一起床，就不自觉地坐到电脑前，打开电脑，登上 QQ，看看空间的动态以及朋友的留言，然后浏览一些明星吸毒被抓和被爆整容的八卦。你时刻告诉自己，再上十分钟，就关电脑出门，直到晚上八点多钟，你伸伸懒腰，扭动下脖子，口中嘀咕着："累死我了。"然后在看到电脑右下角的时间之后，大发雷霆："一整天又没有了，Tell me why?"

老板刚刚布置了一项新任务，说是十天之后交，你告诉自己，时间很充裕，每天只要花两个小时就能搞定，但是，时间过了一半之后，你才发现自己一事无成。你说，自己每天四个小时就能完成。可是当时间还剩两天的时候，你抓耳挠腮，望着天空质问："时间都去哪了？"

我们逃过了初中时的"网瘾"，躲过了社会上的"毒瘾"，戒掉了周围人讨厌的"烟瘾"，但最后，你才发现，我们还是没能逃过"软瘾"的威胁。我们网购、刷微博、玩 QQ、聊微信、打游戏，他们逐渐把我们的时间零碎、软化，最后在不知不觉中，我们逐渐沾染上"软瘾"的病毒。

王小薇最近和老妈闹了点小别扭，王小薇周末刚回到家里，母亲就唠叨起来："你瞅瞅你买的这些东西，有用的没用的，只管往家买。"老妈指着房间一角今天刚刚快递过来的包裹说。"那都是一些打折的商品，也有的是我一元秒杀来的，没花多少钱。"王小薇解释说。老妈听到后默不作声走了。

晚上家里来了好多的客人，王小薇被妈妈安排到客厅陪客人说说话，自己一个人在厨房忙碌。等到客人都走后，一家三口在客厅中看电视。而王小薇则窝在沙发里，不停地刷微博，聊微信，老妈最终忍无可忍："成天就知道网购、上网。让你陪客人说话，你低着头一直在玩手机，吃饭的时候玩手机，现在还是玩手机。你的世界中只有手机，还记得老妈长什么样子吗？"就这样，两个人吵了起来。

王小薇就是一个典型的"软瘾"患者，她的生活已经离不开手机，离不开网络。其实，生活中有很多的"王小薇"，他们每天攥着手机，握着鼠标，低头对着屏幕不停地刷，总担心会因为自己的一不小心会错过某些精彩的瞬间，他们总以为这些事情不会花费自己过多的时间，不会影响到自己的生活。但是，这些不经意、无所谓，逐渐成为一种习惯，一种"瘾"。它虽然不像毒瘾那样，让你醉生梦死，但它能让你欲罢不能。

小心！"软瘾"。不要让他成为你工作中的负担，你要为自己的行为负责，收敛一点，让自己远离"软瘾"的威胁。

让车休息，你动起来

哪一天，我们才能说一句“今天的道路很空旷啊”？

那些有车一族们，应该给车子放一天的假，让自己动起来，还城市一天安宁。

现在不论是身价上亿的企业老板，还是每天奔走在工地上与水泥打交道的小工，即使公司离自己的住处哪怕只有几百米的路程，也要开上自己炫酷要帅的代步工具，提前一小时出门，在马路上堵上个把小时，然后到公司大声地怒斥今天的车流滚滚。你觉得这个社会，骑着自行车或者电瓶车上班，就会觉得寒碜。于是，你一咬牙，一跺脚，买了一个二手的 QQ 代步，洋洋得意地炫耀自己也是“有车一族”。

你开车上班、下班，就连到离家只有一两百米的超市，你也大费周章的把车从车库中取出来，然后“红灯停，绿灯行”，花费了二十多分钟的时间，才把车停到停车场。你动辄就把自己塞到驾驶座上，让铁皮盒子下的四个轮子成为你移动的双腿。渐渐的，你发现自己已经步入了“空叹当年小蛮腰，如今一身五花膘”的状态。

你每次下车的时候，都习惯性地戴上口罩、眼镜，裹上头巾，把自己包裹得严严实实，生怕雾霾、沙尘暴会迷了眼睛，感染了呼吸道，然后和同事抱怨：“这是什么鬼天气！”

十几年以前，你坐在街边，看着来来往往的行人，从他们脸上的表情揣测他们的心情。现在，你只能看到黑色的、圆形的轮子，在马路上川流不息，车尾后一股股刺鼻的汽油味让你觉得反胃。当孩子问你："爸爸，天为什么是灰色的?"你却无言以对。

你每天坐在铁皮盒子里，听着摇滚，戴着耳机，在马路上欢快地奔驰着，你喜欢用"有车一族"标榜自己的人生，当别人在站牌前焦急地等待公交车，或是骑着电动车在马路边小心翼翼地向前行驶的时候，你骄傲地从他们身边疾驰而过，然后发出一句具有历史考察意义的人生感叹："唉，人生啊!"然后，雄赳赳气昂昂地向着公司所在的方向驶去。

周涛大学毕业后，考上了公务员，到公司的第一天他就被现在的公务员生活吓到了，同事们各个西装革履，油光满面，开着小轿车每天拉风地上下班。不久之后，周涛也让父母帮自己买了个小 QQ，这样，他就能和同事们平等相处。

周涛每天开车上下班，甚至在休息的时候也经常开车外出，总之，能开车的他绝对不步行。一年以后，周涛患上了腰肌劳损，医生告诉他要多走动，不能久坐。所以，周涛从此之后，便经常地步行上班。就这样，周涛的腰肌劳损逐渐减轻不少。

其实，生活中，有很多的腰肌劳损、肩周炎、颈椎病的患者，他们都是因为长期开车而导致的顽疾。你总是以为，车子已经成为现在人生活中的一部分，只有手上拿着车钥匙，你才能理直气壮地和别人微笑着打招呼，你才能在朋友为距离犯愁的时候，说："走，哥们儿开车送你去。"

与此同时，你在开心地疾驰的时候，车子已经向着你生活的空间源源不断的输送着二氧化碳和一些有害气体。然后，你还在下车的时候抱怨着空气质量的糟糕。

你生活的世界，已经是风雨摧残后的脆弱城池，你却还摆着一副无所谓的笑脸，不断给它制造着"惊喜"。其实，你可以松开方向盘，踏出车门，脚踏实地，一步一个脚印地走出自己的精彩。你会发现，运动会让自己更快乐。

出门时，向车子说一声"拜拜"吧！给车子放假，向世界说一声，"动起来，你会发现自己的精彩"。让那些小肚腩、颈椎病和五花膘都洗洗睡吧！不要再纵容自己的懒惰和虚荣，不要再为雾霾寻找出路了。给车子放个假，让自己动起来，这样你会不会觉得生活更美好？

向“垃圾食品”说“NO”

“垃圾食品”已经成为当今人们生活中的一部分，“吃货”们拿着薯片，喝着可乐，却还四处张望，哪些是“垃圾食品”？这个世界太“美”太“疯狂”，后知后觉的人们要跟上，向“垃圾食品”说“NO”。

“肥胖”是每一个人避之不及的话题，你口口声声说要远离肥胖，而你转过脸却拿起撒满沙拉和番茄酱的汉堡，大口大口地往嘴里送，还对它的美味赞不绝口。

一个90后的年轻妈妈告诉自己的孩子，要远离“垃圾食品”，而自己却随手拿过货架上的薯片和巧克力，下班的时候窝在沙发中，看着电视，吃着薯片，打发时间。

周末的时候，“宅男”、“宅女”们，中午十二点才从被窝中爬起来，顶着“鸡窝头”，到厨房拿起一盒“酸爽可口”的泡面，五分钟之后，带着满足的感叹，吃着自己的美味，一边吃还一边感叹，“生活如此美好”。

现在的消费者已经被这个变幻莫测的世界和那些利欲熏心的商人们模糊了眼睛，丧失了判断垃圾食品的能力，所以当他们吃着在地沟油中翻炸着被加工过的鸡柳时，还竖起大拇指为商人们点赞。当他们吃着被硫酸浸泡过的米线的时候，还津津有味地畅谈“吃货”的幸福人生。在这些单纯的消费者的猝不及防中，商人们更加变本加厉。加入三聚氰胺的奶粉，添加了瘦肉精的“健美猪肉”，被苏丹红改变了颜色的鸭蛋……这些原本被称为生活垃圾的食品逐渐出现在我们的食品中。

而被时间追赶，被美味诱惑的上班族和吃货们，却还在垃圾食品堆里，证明着自己的顽强生命力，就好像在向那些黑心的商贩们挑战，“有本事加砒霜啊，爷我身体好着呢”。有些时候，我们明明知道他们是垃圾食品，却还禁不住外表的诱惑，把这些“蛇蝎美人”吃到自己的腹中，还理直气壮地说：“这个世界处处都是垃圾，总不能让自己饿死吧。”

田晓淘是个艺术家，她为了让自己保持清醒的头脑，所以从家搬出来，自己一个人到外面租房子住。每天早上，汉堡配可乐，中午的时候，和同事一起到公司附近吃上一碗用硫酸浸泡过的米线，晚上下班的时候，吆三喝五地到大排档吃烧烤喝啤酒。这算是吃货们完美生活的标配了。田晓淘每天也乐在其中，因为这些东西既方便又快捷，既能满足她的饥饿感，又能带来味觉上的完美体验，生活岂不美哉。

可是，有一天，田晓淘发现自己的体重不断地上升，原本水蛇腰已经不见了踪影，赘肉这一让她深恶痛绝的东西也不讨喜地冒了出来，甚至原本标准的范冰冰牌的“锥子脸”，也逐渐向着“大饼脸”发展。除此之外，田晓淘还经常感到四肢无力，浑身没劲，总觉得像是干了一天的体力劳动一样，爬到三楼的时候就已经气喘吁吁。总之，田晓淘逐渐感到自己身体已经到了崩溃的边缘。

生活中有很多人像田晓淘一样，每天与“垃圾食品”为伍，并且满足地和他们和平处，直到身上的赘肉掩埋了腰线，痘痘爬满脸庞，他们才知道自己已经成为受害者。“垃圾食品”已经无处不在，它会厚颜无耻地破坏你的身体机能，让你在不知不觉中成为肥肉的载体，并把许多的病毒注入到你的体内。

吃货们，不要再抓住什么看似“美味”的东西就往嘴里送，那些全身浸满地沟油、浑身上下被涂满化学物品的垃圾，在鱼龙混杂的食品市场中以次充好的“垃圾食品”，不值得你的“青睐”。

做个有原则的“吃货”，让那些“垃圾食品”滚出你的嘴巴，让那些被利益毒害了的“黑山老妖”洗洗睡吧，让自己活在“健康、美好的世界里”。

戒烟少酒，你做到了吗

“烟酒不入口，健康不用愁。烟酒不入唇，健康不伤神。”

电视上的公益广告里，每天播放许多关于告诫观众们要戒烟少酒的宣传标语，可是这些，你做到了吗？

公交车上一个中年男子正在座位上吞云吐雾地享受着吸烟为自己带来的快感，车内的广播上一遍一遍地播放着“请勿在车厢内吸烟”，但是这个似乎出门忘记带助听器的烟民，依然在座位上，目中无人地发泄自己的烟瘾。

一个刚刚二十岁出头的小伙，开着一辆路虎在路上飞驰着，后面两辆警车滴滴响个不停，可是驾驶座上的小伙唱着“最炫民族风”，丝毫没有停车的意思。一段时间后，被拦下的小伙，左摇右晃地从车上下来，说：“来，接着喝。”

生活中随处可见没事“喝两杯，抽两口，海吃一顿”的人，你是否总觉得不抽烟不喝酒就像少做一件事情一样，焦躁、烦闷、不安？你总是会想：我为什么不能抽烟，抽一口怎么了？所以在接过烟之后，又一根一根地续上了，周而复始，直到家人都无计可施。

你每天把烟或酒当成生命中的一部分，没事来两根，吃饭的时候来两口，你把家人的嘱咐抛到脑后，你甚至大吼道：“谁都不要管我”。于是，你放纵自己，不停地吸烟，大量地饮酒。

其实，你不停地吸烟，大口地喝酒，是觉得身上背负了太多的压力：

领导的批评，家庭的厚望，自己的理想，经济的拮据，这些生活中的“无可奈何”像根绳子一样绑在你的身上，让你苦恼、烦躁。

而吸烟，能让尼古丁在吞噬你的健康之余，把你的烦恼和压力一扫而光；喝醉酒之后，你可以暂时忘记一切，或通过发酒疯发泄自己的不快。

但是，这样真的是解决问题的办法吗？这只能说明你的懦弱、胆小、逃避。

张全垒就是这样一个懦弱胆小的人。他在领导面前总是一副唯唯诺诺的样子，对于领导的任何要求都不敢反驳，然而这样顺从的他，也经常受到领导的呵斥，加上工作上的压力，张全垒觉得自己就像个生活的小丑一样，被生活耍弄，被领导呼来喝去。

这些不满让张全垒陷入焦虑的状态中，每天在公司装出一副无所谓的状态，对每个人都友善，对任何事情都积极努力。但是这样的他仍然受不到生活的眷顾，因此，他经常到厕所里吸烟，下班的时候去酒吧饮酒，渐渐地，这些已经成为他无法缺少的一部分。

他也不止一次地答应自己的女朋友戒烟戒酒，但是每一次发誓过去他都会对自己说：“我只抽一根，只喝一口”，到最后他都没能做到自己对自己的承诺，因此，两个人经常为这件事情吵架，感情岌岌可危。

生活中不止一个像张全垒这样“爱可断，情可抛，烟酒不能少”的人，他们被一些“负能量”的小尾巴扫到之后，总是“电量不足”地耷拉着脑袋，想找个人痛痛快快地骂一场，但是对熟人不好下手，对不熟的人又不好意思开口。于是，就把自己埋在烟雾中，泡在酒缸里，这个时候，他们才能满血复活，花开灼灼地直面“悲惨”的人生。

但是，生活的意义并不在于吸烟喝酒，应该让自己的亲人朋友远离二手烟的危害，应该让自己的身体忘却酒精的麻痹。享受绿色生活，这样才能尽快地走出那些负面情绪带来的人生阴霾，才能不像个抓狂的疯子一样，只能选择吸烟喝酒来克制自己的那份不安和躁动，这样才能让自己的生活“阳光无限好”。

远离那些尼古丁和酒精吧，让自己像个真正的绅士一样生活，不吸烟少喝酒，你会发现每天都是“阳光灿烂”。

健康工作八小时

如今“星期六保证不休息，星期天休息不保证”、“加班”等词语对于一些单位来说已经成为一种惯例。原本“朝九晚五”的工作制度已经离现在的职场生活越来越遥远，在这个时间概念和空间的定义越来越模糊的信息化的社会，“加班加点”的工作已经成为现代职场的潜规则，完全颠覆了人们传统的工作观。

现在的公司中，不加班在老板的眼中就是不够敬业，就是不够务实，你就有可能成为下一个被开除的对象。所以在老板希望你24小时火力全开地对待工作的时候，你就像个被按下“循环播放”键的自动播放器一样，脑海中永远都只有“下一个”的意识。

职场中，八小时的工作制度已经名存实亡了，你每天在下班两个小时之后，还依然在公司中加班，上公司的MSN一看，那些和你一样至今仍在线且状态显示“Busy”的哥们，都是一些公司中工作未完成，自动留下来加班的同事们，于是你们自嘲地打招呼：“Hi，还没下班呢?”“是啊，你也一样啊”。然后你们这些共患难的“难民”们在一起互相发泄加班的幽怨。等你好不容易完事了，正准备收拾东西往家赶的时候，领导一个电话打来，“再改改”，得，你又打开电脑，乖乖地把你的加班进行到底。

现在的工作已经没有时间的限制，再加上科技的发达，电话、QQ、微信、微博、易信等软件的发明让你无处可藏，即使下班你也随时可能处于

“工作状态”，即使今天的任务完成了，你也有可能会被领导通过各种方式加班做其他的任务，或是任务不完美还需要再加工。

强大的工作压力，使你的脑袋24小时都在工作上，今天的事情做完之后，还想明天应该怎么做，后天应该如何下手，甚至在睡觉的时候，你也能梦到自己还在工作。

现在的职场中越来越把“男人当牲口用，女人当男人用”的特点发挥得淋漓尽致。这样的工作强度，广告公司的设计总监蔡坚强可谓深有体会。在蔡坚强的职业生涯中，熬夜加班是家常便饭，花几个月做一个案子，和广告设计部的其他同胞们连着几天不眠不休，那是再正常不过的事情。

有一次，公司将一个服装设计的大单子交到自己的手上，从品牌名称、产品设计、产品展册、选模特、做展台，都要蔡坚强他们一手操办。客户又催的急，于是蔡坚强带领他所有的下属就像是热锅上的蚂蚁，几乎每天晚上都只有两三个小时的睡眠。一个人倒下了，另一个人再接着上，大家都精神高度集中地轮流做案子。

那段时间蔡坚强觉得什么忙啊累啊，都已经麻木了，脑海中就想着一个词“Deadline”。这样的事情蔡坚强并不是第一次遇到，接下来的几个月里，这种高强度、高难度的工作一直没有间断过，虽然他每个月拿几万元的收入，但是身体方面已经吃不消，经常头晕眼花，犯恶心。

其实，都市生活中有许多收入上万元的白领们，他们都像蔡坚强一样，虽然收入不错，但是经常熬夜加班。

那些钱其实全都是赔上自己的青春、健康、时间，拼命地工作换来的。但是随着时间的推移，这些“加班族”的身体也因为这些每天超过八小时的强大的工作负荷透支，他们逐渐感到身体疲惫、情绪低落、易怒、没有耐性、睡眠质量下降、沮丧、压抑……这些亚健康状态的状况，直接影响到了他们的满足感和幸福感。

小沈阳说，人一生最遗憾的事情就是“人死了，钱没花完”。2004年前爱立信总裁杨迈因过度劳累，猝死在跑步机上；2004年8月，年仅28岁的大洋网的新闻中心副总监王建峰因为工作劳累病逝；2005年2月，中国频道的CTO黄柏林，37岁病逝。匆忙离去的他们，着实令人感到惋惜。

“过劳死”已经成为职场敏感话题之一，到底是谁动了“健康工作八小时”的奶酪，让人们在“加班加点”的工作状态下逐渐走进了亚健康的地盘。

所以，每当下班时间一到，就关上电脑，收拾好东西回家，让那些加班的制度都见鬼去吧！酷酷地说一句：“工作八小时，拒绝加班”，然后看着那些仍然在电脑前加班的人，果断地起身，走人，这样你是否感觉健康常相伴？

后　记

佛教中有一个故事，说一位学者向南隐问禅。

南隐请学者坐下之后，并不讲禅，而是请学者喝茶。然而，杯中注满茶水之后，南隐手中的壶却依旧倾泻不止，最后是溢了满桌。可是，南隐却熟视无睹，仍旧往杯中注茶。

学者看到后，慌忙提醒南隐："大师，这水都已经溢出来了，你怎么还不停止?"

南隐放下水壶，对学者说："你的脑袋就像这个杯子，里面放了太多顾虑。你要把这些顾虑倒出来，我才能和你说禅。"

其实，这个故事就是告诉我们，已经装满了水的杯子是不可能再装入新水的。这本书也就告诉你，当你的头脑里放了各种顾虑、担忧、烦恼、郁闷，你怎么能把快乐注入进去呢?

都市中的男男女女，为家庭、为事业、为孩子、为父母、为昨日的不开心、为今日的不顺心、为明日的不确定，做着各种各样无畏又无知的担忧。再大的脑袋，也就那么大，再大的心，也就一巴掌，你放入那么多东西，脑袋会痛，心会累，你会不开心，生活会不如意。

在我们生活周围，每天笑的人很多，但是真正快乐的却很少。如果你善于观察，能够读心，你定然会在不少咧着嘴角、露出白牙的面庞上看到他们潜藏的不快乐。他们的不快乐只在无人的角落绽放，却足以吞噬他们整个人生。

我们的生命会走过各种喜悦和痛苦，会经历各种求不得和放不下，最后都在短短的几十年光阴中耗尽。你所有的努力换来的各种名利，最后都不会因为你的离去而同你在墓中厮守。在这个时候，你所能庆幸的也只有走过的时光。如果，这段时光是违心违志违意违愿的，你所有的回忆也就失去了价值，你更不可能从回忆中得到分毫安慰。

有些人什么都没有，但有快乐就足矣。有些人，什么都有，但没有快乐，就是个傀儡，失去的就是整个世界。

佛说：放下屠刀，立地成佛。在现在忙忙碌碌、乱花迷眼的世界，放下拥扰的内心，才会懂得快乐，制造快乐，拥有快乐。

可是，很多人表示，俗世凡尘，扰人心者太多，要得到真正的快乐并不是一件容易的事情。

其实，快乐很简单，它就在随心随意自然而然的笑容里，就在无惧无畏肆意奔跑的步伐中。快乐不是雾里看花，更不是水中望月。只要你学着做一件事情：放下。放下所有烦闷、苦恼、名利制造的枷锁，快乐便会随风而至，遍洒你生活的角角落落。

作者

2014 年 12 月